KB173763

"20년쯤 지나면,
당신이 한 일 보다는 하지 못한 일들 때문에 후회하게 될 것이다.
그러니까 밧줄을 던져라.
항구에서 떠나라.
무역풍을 타고서 탐험하고, 꿈꾸고, 발견해라."

– 마크 트웨인

이간용 지음

에듀인사이트

초등 지리 바탕 다지기 (세계 지리 편)

초판 1쇄 발행 2017.7.14. | 초판 6쇄 발행 2024.03.28 | 지은이 이간용 | 펴낸이 한기성 | 펴낸곳 에듀인사이트(인사이트)
기획 ·편집 공명, 신승준 | 본문 디자인 문선희 | 표지 디자인 오필민 | 일러스트 나일영 | 용지 유피에스 | 인쇄 · 제본 천광인쇄사
등록번호 제2002-000049호 | 등록일자 2002년 2월 19일 | 주소 서울시 마포구 연남로5길 19-5
전화 02-322-5143 | 팩스 02-3143-5579 | 홈페이지 http://edu.insightbook.co.kr
페이스북 http://www.facebook.com/eduinsightbook | 이메일 edu@insightbook.co.kr
ISBN 978-89-6626-717-0 64980
SET 978-89-6626-705-7

책값은 뒤표지에 있습니다. 잘못 만들어진 책은 바꾸어 드립니다.
정오표는 http://edu.insightbook.co.kr/library에서 확인하실 수 있습니다.

글로벌 시대의 필수 지식 '세계 지리'

오늘날 우리의 삶의 무대는 전 세계로 넓혀져 가고 있으며, 지구 마을 곳곳에서 일어난 사건들이 거의 실시간으로 알려집니다. 초등학생만 되어도 이미 세계 여행을 한두 번 다녀온 사람도 많지요. 앞으로 이런 일들은 더욱 흔한 일이 될 겁니다.

이처럼 세계는 '아주 먼 저곳'이 아니라, 이미 우리의 생활과 아주 가깝게 맞닿아 있습니다. 그렇다보니 특이하고 다양한 자연환경과 그 속에서 이루어지는 독특하고 다채로운 삶의 모습을 마주하게 될 기회가 점점 많아지고 있습니다. 이 말은 지구와 세계에 대한 올바른 지리 지식과 이해가 필요하다는 뜻이기도 합니다.

여러분도 알다시피 어떤 나라나 장소에 대한 그릇된 지리 지식은 일그러진 이미지, 곧 '편견'을 부추깁니다. 편견은 대부분 열등 의식이나 우월 의식을 이끌지요. 열등 의식이나 우월 의식은 다른 나라나 장소에 사는 사람들과 '함께'하는 데 큰 방해 요인이 됩니다. 왜냐하면 있는 그대로 보지 않고 잘못된 이미지로 꾸며서 보기 때문이지요.

'초등 지리 바탕 다지기(세계 지리 편)'은 우리가 살아가는 지구와 세계를 바르게 바라볼 수 있는 시야를 길러주고 싶은 마음에서 만들었습니다. 이 책에서는 지구와 세계가 흥미있고 다채로우면서도 질서와 규칙성을 지니고 있다는 점을 강조하고 있습니다. 그리고 70억의 사람과 수억의 종들이 어울려 살아가는 지구를 사랑하는 마음이 생겼으면 하는 바람이 담겨있습니다.

세계 지리 학습의 기초를 다지기 위해 세계 각 대륙과 나라의 위치, 지형, 기후를 중심으로 짜임새를 갖추어 하나하나 차근차근 알아가도록 꾸며보았습니다. 특히, '초등 지리 바탕 다지기' 지도편이나 국토 지리 편에서처럼 여러분이 지니고 있는 근원적인 호기심과 궁금증을 풀어가면서 개념과 원리를 이해할 수 있도록 구성해 보았습니다.

여러분이 이 책으로 세계 지리를 공부한다면, 사회과 학습은 물론이고 여러분의 사고력과 창의력, 그리고 상식과 교양을 가꾸는 데도 큰 보탬이 될 것입니다. 그리고 장차 중·고등학교 사회과 지리 학습에도 많은 도움이 될 것입니다. 감사합니다.

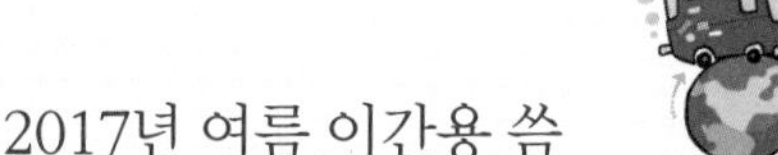

2017년 여름 이간용 씀

세상을 보는 시야를 넓히는 세계 지리 워크북!

하나. 사회 학습의 바탕 지식을 이해합니다.

땅은 사람들이 살아가는 공간으로서 의식주는 물론 사람들 사이의 관계에 많은 영향을 미칩니다. 따라서 사회를 제대로 이해하기 위해서는 먼저 사람들이 살아가는 땅, 즉 지리에 대해 잘 알고 있어야 합니다. '초등 지리 바탕 다지기 (세계 지리 편)'는 사회 학습에 필요한 기본적인 지리 개념을 쉽게 이해할 수 있습니다.

둘. 외우지 않고 활동을 통해 이해합니다.

'초등 지리 바탕 다지기 (세계 지리 편)'는 딱딱하게 풀어 쓴 개념을 읽고 외우거나 사지선다형의 문제를 반복해서 푸는 지루한 교재가 아닙니다. 다양한 활동을 통해 쉽고 재밌게 지리 개념을 이해하는 신개념 워크북입니다.

셋. 일상생활과의 관계 속에서 개념을 이해합니다.

'초등 지리 바탕 다지기 (세계 지리 편)'에서 다루고 있는 기본적인 사전적 개념은 물론, 각각의 개념들이 일상과 어떻게 연관되어 있고 어떻게 영향을 주고받는지 살펴봅니다. 이를 통해 좀 더 생생하고 구체적으로 개념들을 이해할 수 있습니다.

넷. 세계 지리의 기본적인 특징을 이해합니다.

'초등 지리 바탕 다지기 (세계 지리 편)'는 위치와 지형, 그리고 기후의 세 영역과 관련하여 세계 지리가 갖는 특징을 다루고 있습니다. 위치를 통해서는 세계 각 대륙과 나라의 위치를, 지형을 통해서는 다양한 지형과 지형이 갖는 특징을, 기후를 통해서는 세계의 6가지 기후와 인간 생활 간의 관계를 이해할 수 있습니다.

다섯. 초등 교과 과정과 연계하여 학습할 수 있습니다.

전체적으로는 초등 5~6학년 교과 과정을 중심으로 주제를 구성하였으나, 3~4학년들도 어렵지 않게 교재를 활용할 수 있도록 활동을 쉽고 다양하게 배치하였습니다. 또한 활동에 필요한 개념 설명과 방법 등도 따로 제공하여 학습에 불편함이 없도록 했습니다.

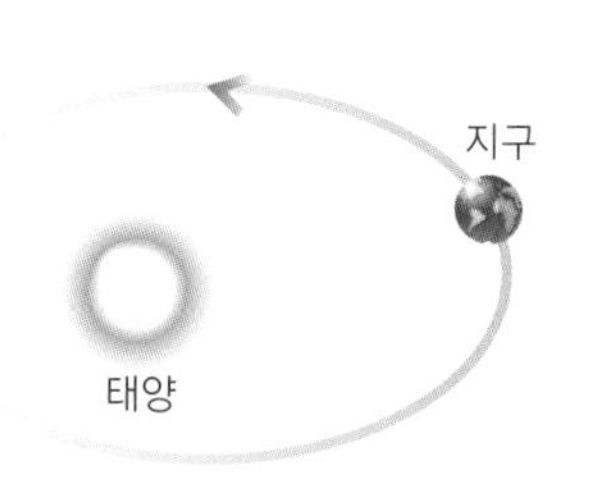

워밍업

본격적인 세계 지리 학습에 앞서 지구에 대한 기본적인 정보를 알아보고, 간단한 세계 지도 그리기를 통해 세계의 모습을 살펴봅니다.

하나. 대륙과 나라의 위치 및 영역

이 단원에서는 먼저 대륙과 대양의 기본적인 형태와 위치를 알아봅니다. 그런 다음 각 대륙마다 어떤 나라들이 어디에 위치해 있는지, 영토의 모양은 어떻게 생겼는지 살펴봅니다. 그리고 각 나라의 수도 이름과 위치도 알아봅니다. 마지막으로 나라별로 국기의 모양을 살펴보고 국기들이 갖는 특징과 공통점을 알아봅니다.

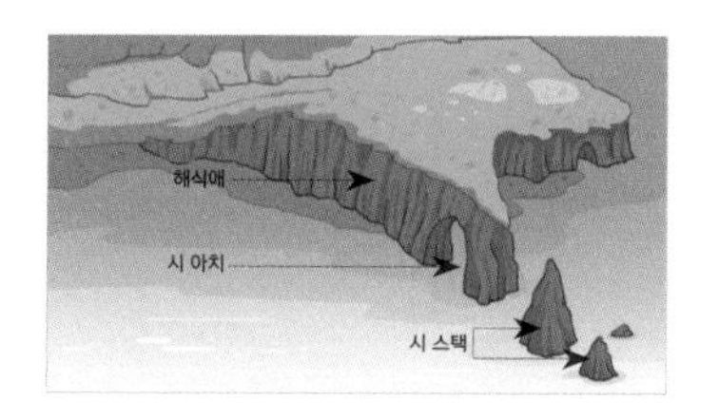

둘. 세계의 다양한 지형 환경

이 단원에서는 세계의 여러 지역에서 볼 수 있는 다양한 지형의 모습과 그 특징에 대해 알아봅니다. 먼저 세계의 주요 바다와 섬, 강, 산맥 등 기본적인 지형의 위치와 정보를 확인합니다. 그런 다음 빙하 지형, 암석 지형 등 여러 가지 특색 있는 지형들을 하나하나 살펴보면서 각 지형들이 갖는 특징과 이러한 지형 환경 속에서 살아가는 사람들의 모습들을 알아봅니다.

셋. 세계의 다양한 기후 환경

이 단원에서는 세계에 다양한 기후가 나타나는 원인에 대해 살펴보고, 기후마다 갖는 특성과 사람들의 생활 모습을 알아봅니다. 이를 통해 열대 기후부터 한대 기후까지 각 기후가 세계의 어느 곳에 분포해 있는지, 기후별로 세계 주요 도시의 기온이나 강수량이 어떤 특징을 나타내는지 알 수 있으며, 기후가 사람들의 의식주에 어떤 영향을 미치는지 이해할 수 있습니다.

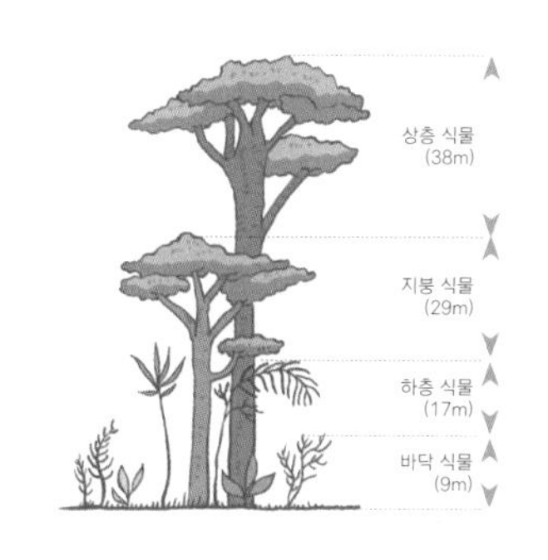

마무리 활동

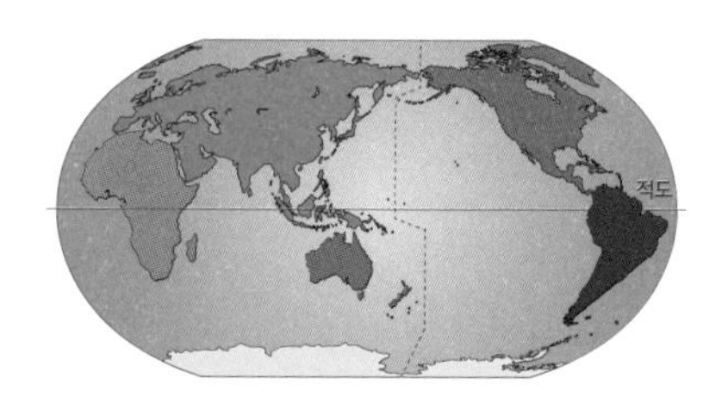

지금까지 살펴본 세계 지리 정보를 토대로 각 대륙의 모습을 직접 따라 그려보고, 대륙에 있는 주요 나라와 지형의 위치를 표시해봅니다. 활동을 좀 더 쉽게 진행하려면 세계 지도를 미리 준비하세요.

- '초등 지리 바탕 다지기 (세계 지리 편)'에는 모두 19개의 활동 주제가 있습니다. 그리고 각각의 활동 주제마다 실제 활동 미션인 act 가 나오게 됩니다. act 의 개수는 1~5개 사이로 주제마다 다릅니다.
- 활동의 형태는 직접 그리기, 선 잇기, 맞는 답 찾기, 지도에 표시하기 등 다양합니다. 지시 사항에 맞게 활동을 수행해주세요.
- 학습량은 하루에 활동주제 1개를 해결하는 정도가 좋습니다. 매일 학습하기 어렵다면 하루에 활동 주제 2개 정도를 수행하되 학습시간은 10분을 초과하지 않는 것이 좋습니다.

09

세계의 바위 지형

제목과 활동 내용을 소개합니다. 활동에 들어가기 전에 꼭 읽어보세요.

바위는 오랜 세월 동안 저절로 부서지고, 물과 바람에 깎이면서 독특한 생김새를 지니게 됩니다. 생김새가 독특한 바위는 관광자원으로 널리 이용됩니다. 그럼, 세계의 대표적인 바위 지형과 그 형성 과정을 간단히 살펴볼까요?

act 1 소설의 무대가 되는 해안가 바위 지형

실제 활동 문제입니다. 지문의 지시 사항에 맞게 활동을 수행해 주세요.

다음 자료를 보고, 알맞은 말을 □ 안에 쓰거나 ○표 하세요.

(가)

(나)

1 사진 (가)는 지도 (나)에 표시된 □□□의 노르망디 바닷가 에뜨르따 마을에 있는 유명한 바위 지형을 나타냅니다. 사진에 나타난 촛대 바위는 프랑스 추리 소설 '괴도 루팡'의 '기암성'에 등장하는 바위입니다.

(다)

2 그림 (다)는 암석 해안에서 볼 수 있는 여러 지형을 보여줍니다. 이를 바탕으로 사진 (가)의 ①은 □□□, ②는 □□□, ③은 □□□ 지형이라는 것을 알 수 있습니다.

3 시 스택(sea stack)이란 (촛대 바위, 대문 바위), 시 아치(sea arch)란 (촛대 바위, 대문 바위)이고, 해식애(海蝕崖)란 바닷물의 침식 작용으로 생긴 절벽입니다. 애(崖)는 '절벽(cliff)'을 뜻합니다.

잠깐만요

활동을 수행하는 데 필요한 보충 설명이나 문제 해결 팁을 알려줍니다.

이러한 지형들이 만들어지는 데 가장 중요한 역할을 하는 것은 그림에서 알 수 있듯이 **파도에 의한 침식 작용**입니다.

66 ★ 세계 지리 바탕 다지기

지금까지 배운 내용을 정리해 봅시다.

1. 세계의 대지형

① 큰 바다를 ☐☐(大洋)이라 하고, 육지나 섬이 가로막아 큰 바다와 떨어져 있는 작은 바다를 ☐(海)라고 합니다.

② 바다가 육지 쪽으로 굽어 들어온 지형을 ☐(灣)이라고 합니다.

③ 육지가 바다 쪽으로 길게 뻗은 모양으로서 한 면은 육지와 붙어 있고, 나머지 세 면은 바다와 맞닿아 있는 땅을 ☐☐(半島)라고 합니다.

④ 육지 사이에 끼여 있는 좁고 긴 바다 부분을 ☐☐(海峽)이라고 합니다.

⑤ 한 무리를 이루고 있는 여러 섬을 ☐☐(群島) 또는 제도(諸島)라고 합니다. 그 중에서도 한 줄로 길게 늘어선 여러 섬을 ☐☐(列島)라고 합니다.

⑥ 티그리스-유프라테스 강, 나일 강, 인더스 강, 황허 강은 세계 4대 ☐☐의 발상지라는 공통점이 있습니다.

⑦ 우랄 산맥, 그레이트디바이딩 산맥, 애팔래치아 산맥은 ☐☐대에 만들어진 산맥들로서 침식 작용을 오래 받아 비교적 낮고 완만한 특징이 있습니다.

⑧ 알프스 산맥, 히말라야 산맥, 로키 산맥, 안데스 산맥은 ☐☐대에 만들어진 산맥들로서 침식 작용을 덜 받아 높고 험준한 특징이 있습니다.

⑨ ☐☐☐☐의 ☐이란 지역은 에티오피아·소말리아·지부티가 자리 잡고 있는 아프리카 북동부 지역으로서 마치 코뿔소의 뿔과 같이 인도양으로 튀어나온 모습에서 그 이름이 유래하였습니다.

⑩ ☐☐ 지대란 아프리카 사하라 사막 남쪽 가장자리 지역으로서 아랍 어로 '변두리'라는 뜻을 지니고 있습니다. 이곳은 기후 변화와 지나친 가축 사육으로 사막...
습니다.

2. 세계의 빙하 지형

① ☐☐☐란 빙하에 의하여 형성된 골짜기에 바닷물이 들어와 생긴 ...

② 일반적으로 하천이 깎아 만든 골짜기는 ☐자, 빙하가 깎아 만든 골짜기는 ...

② 두껍고 거대한 얼음덩어리가 중력에 의해 높은 곳에서 낮은 곳으로 ... ☐☐라고 합니다.

이번 단원에서 활동한 내용을 정리합니다. 또한 중요한 개념들을 다시 한 번 확인합니다.

잠시 쉬어 갈까요?

카스피 해는 바다일까, 호수일까?

중앙아시아의 카스피 해는 면적이 약 371,000㎢로서, 한반도 전체 면적의 2배에 가까운 세계에서 가장 큰 호수입니다. 바다라는 뜻의 이름을 가진 카스피 '해(海)'가 호수라니 이해가 잘 안 되지요? 저 먼 옛날에는 바다였던 까닭에 카스피 해는 민물보다 소금끼가 많아(염분 14%) 바다의 특성도 지니고 있지만, 지금은 육지로 둘러싸여 있고, 주변에서 강물이 계속 흘러들고 있어 호수와 비슷한 생태계가 나타나서 호수의 특성도 가지고 있답니다.

<그림 1. 카스피 해 위치>

이런 카스피 해의 특성이 우리에게는 그저 재미거리일지 모르지만, 그 주변 나라들에게는 바다인지, 호수인지가 무척 중요하답니다. 왜 그럴까요? 국제법상으로 카스피 해가 호수인지, 바다인지에 대한 정확한 기준은 없습니다. 그런데 카스피 해는 세계에서 손꼽히는 석유와 천연가스 매장 지역으로 알려져 있습니다 <그림 2>. 이 지역의 석유 추정 매장량은 2,000~2,700억 배럴 정도이고, 천연가스 매장량은 세계 1위라고 합니다. 그래서 카스피 해 주변 나라들 사이에는 자원을 둘러싸고 이해관계가 복잡하게 얽혀 있습니다.

<그림 2. 카스피 해 유전 분포>

지도와 지리에 대한 흥미로운 사례와 알아두면 유익한 정보를 소개합니다. 활동이 끝난 후 천천히 읽어보세요.

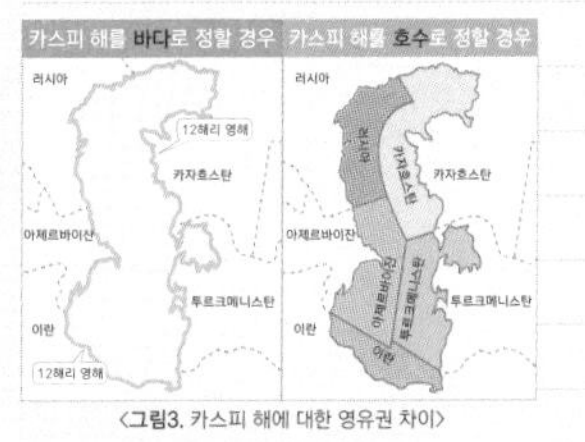

<그림3. 카스피 해에 대한 영유권 차이>

과거에 카스피 해의 영유권은 구 소련(현 러시아)과 이란이 서로 반반씩 나누어 가졌습니다. 그러나 1991년 소련이 무너지고 카자흐스탄, 투르크메니스탄, 아제르바이잔이 차례로 독립하게 됩니다. 그러면서 이 지역에 대한 영유권을 주장할 수 있는 나라는 러시아와 이란을 포함해 다섯 개 나라로 늘어나게 되지요.

이들 5개 나라 중 어떤 나라는 카스피 해가 호수라고 주장하고, 다른 나라는 바다라고 주장합니다. 다섯 나라에서는 같은 땅을 놓고 왜 이렇게 다른 주장을 펴는 것일까요? 그것은 카스피 해를 무엇으로 정

차 례

워밍업

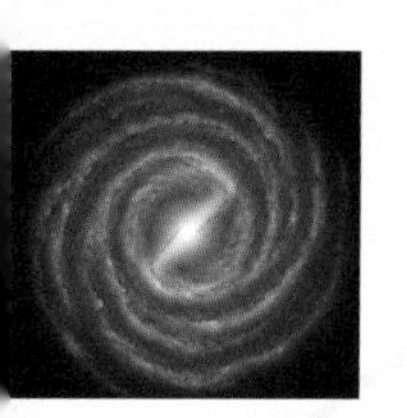

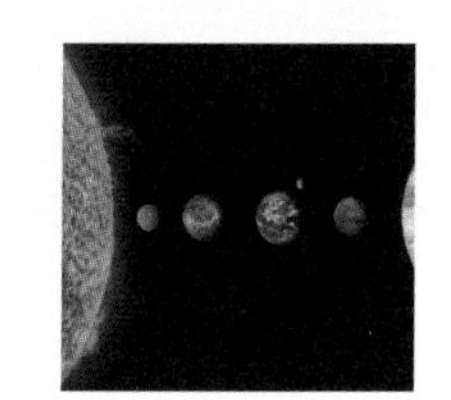

밤하늘에 떠있는 수억의 많은 별들 가운데

푸른 별 지구는 인간을 비롯한 수많은 생명체를 품고 있는,

아직까지 우리에게 알려진 단 하나의 행성입니다.

이 소중한 지구별은 광활한 우주의 어디쯤에 자리 잡고 있을까요?

그리고 어떤 모습을 지닌 천체일까요?

본격적인 세계 지리 학습에 앞서

먼저 지구별에 대한 기본적인 정보를 알아봅시다.

01 우주 공간 속 지구의 위치

우리는 지구라는 행성의 대한민국 땅에서 살아가고 있습니다. 지구는 태양계에 속한 행성이며, 태양계는 우리 은하계에 포함되어 있는 천 억 개의 별 중 하나입니다. 또 우리 은하는 우주에 있는 천 억 개도 넘는 여러 은하계 중의 하나이지요. 그럼 지구의 주소를 정리해볼까요?

act 1 우주와 은하계의 모습 살펴보기

그림을 보고, 물음에 답하거나 알맞은 말에 ○표 하세요.

(가) 

(나) 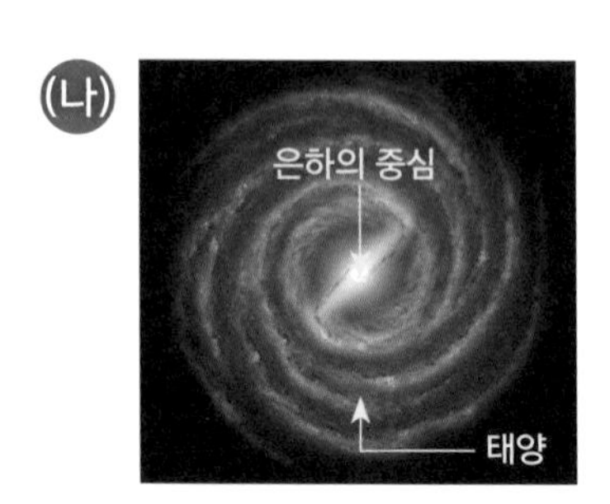

1 서로 관계 깊은 것끼리 이어보세요.

① 宇宙 •	• 우주 •	• 모든 천체를 포함하고 있는 무한한 공간
② 銀河系 •	• 은하계 •	• 태양을 중심으로 공전하는 행성들의 모임
③ 太陽系 •	• 태양계 •	• 은색 물결의 구름 띠 모양을 이루는 천체 무리

2 위 그림에서 (가)는 (우주, 은하계), (나)는 (우주, 은하계)의 모습입니다. 영어로 우주는 'Universe', 은하계는 'Galaxy'라고 합니다.

3 그림 (나)는 소라껍데기와 같은 (나선, 직선) 모습입니다. 스스로 움직이는 수천 억 개의 별들이 (나)의 한 가운데를 중심으로 돕니다. 우리 태양계는 (나)의 (중심, 바깥) 쯤에 위치합니다. 이곳의 별들은 1시간에 무려 800,000km 속도로 회전한다고 합니다. 그러나 우리 은하는 매우 넓기 때문에 태양계가 은하의 중심을 한 바퀴 돌아 제자리로 돌아오기까지 2억 5천만년이 걸립니다.

잠깐만요

우리는 살아가면서 체**계**, 인문**계**, 태양**계**, 생태**계** 등과 같이 **'계'** 자가 들어간 말을 자주 씁니다. 한자로는 '系'라고 쓰는데 '끈이나 줄', 혹은 '묶다'를 뜻합니다. 영어로는 'system'이라고 하지요. **'계'**는 둘 이상이 묶여져 서로 영향을 주고받고 있는 틀이나 모습을 가리킬 때 사용하는데, **'태양계'**라고 하면 태양을 중심으로 서로 관계를 맺고 있는 행성들의 틀을 말합니다.

태양계 가족 알아보기

태양계 가족의 그림을 보고, 알맞은 말을 □ 안에 쓰세요.

1 그림의 맨 왼쪽에 있는 붉은 색의 가장 큰 별은 □□입니다.

2 태양과 가까운 행성부터 순서대로 이름을 쓰세요.

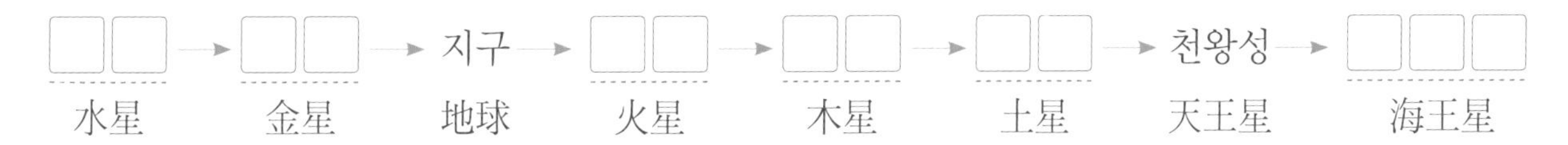

act 3

지구별의 주민등록증 만들기

그림을 보고, 알맞은 말을 □ 안에 쓰세요.

1 이 사진에 나타난 반쪽의 푸른 별은 1968년 12월 24일 달착륙선 아폴로 8호의 선원 빌 앤더슨이 □에서 찍은 □□의 모습입니다. 그것은 땅을 뜻하는 '□'자와 둥근 공을 뜻하는 '球'자가 합쳐진 말입니다. 영어로는 'earth'라고 합니다.

2 지구별의 주민등록증입니다. □ 안에 들어갈 말을 순서대로 쓰세요.

지구의 모습

02

지구는 태양 주위를 회전하면서 동시에 자신의 축을 중심으로 스스로 돕니다. 그리고 지구의 겉과 속은 여러 개의 층과 껍질로 이루어져 있습니다. 또한 46억 년을 살아오면서 자기 몸에 스스로 일기도 썼던 신비의 행성입니다. 그럼 지구가 가지고 있는 여러 모습을 간략히 살펴볼까요?

act 1 지구의 운동 살펴보기 1

그림을 보고, 알맞은 말을 □ 안에 쓰세요.

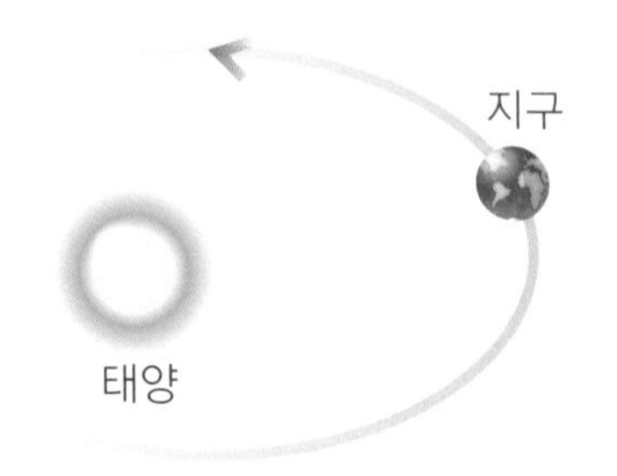

1 어떤 행성이 다른 별의 둘레를 주기적으로 맴도는 일을 (공전, 자전) 운동이라고 합니다. 지구는 태양 둘레를 1년, 곧 □□□일만에 한 바퀴 돕니다.

2 지구와 태양 사이의 거리는 약 1억 5천만km입니다. 그렇다면 시속 500km로 달리는 은하 열차로 지구에서 태양까지 가는 데 걸리는 시간은 얼마나 될까요?

① 150,000,000km÷500km= □00,000시간

② □00,000시간÷하루(24시간)= □2,500일

③ □2,500일÷1년(365일)= 약 □□년

④ 그러니까 □□년이나 걸리는 먼 길이군요!

act 2 지구의 운동 살펴보기 2

그림을 보고, 알맞은 말에 ○표하거나 □ 안에 쓰세요.

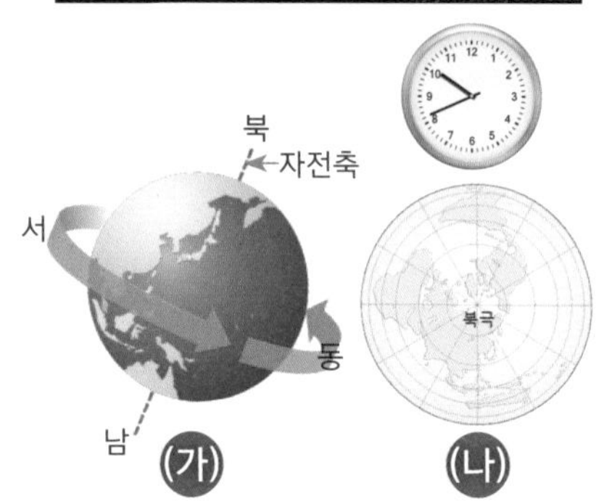

1 그림의 오른 쪽에 있는 별은 □입니다. 이것이 지구 둘레를 한 바퀴 돌아 제자리로 오는 데는 대략 (28, 30)일이 걸립니다. 그래서 우리 조상들은 이 주기를 한 달로 잡아서 '달력'을 만들어 썼습니다. 이것을 (양력, 음력)이라고 합니다.

2 그림 (가)에서처럼 어떤 별이 자신의 축을 따라 스스로 회전하는 일을 (공전, 자전) 운동이라고 합니다. 지구는 하루, 곧 □□시간 만에 한 바퀴 돕니다.

3 그림 (나)에서처럼 시계는 지구가 자전하는 모습을 □극 하늘에서 내려다본다고 상상하여 만든 장치입니다.

act 3 지구의 속과 겉 살펴보기

두 그림을 보고, 알맞을 말에 ○표 하거나 □ 안에 쓰세요.

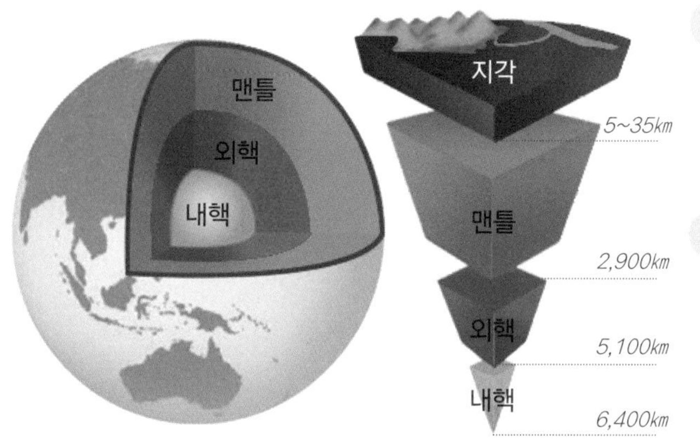

(가) 지구의 속 모습

1 지구는 표면에서부터 안쪽으로 가면서 '□□ → □□ → 외□ → 내□'으로 이루어져 있습니다.

2 지구 중심까지의 깊이는 대략 '□,4□□ km'입니다. 시속 300km인 KTX를 타고 지구 표면에서 출발하여 중심까지 간다고 하면, '6,400km÷300km=약 □□.3시간' 정도 걸립니다.

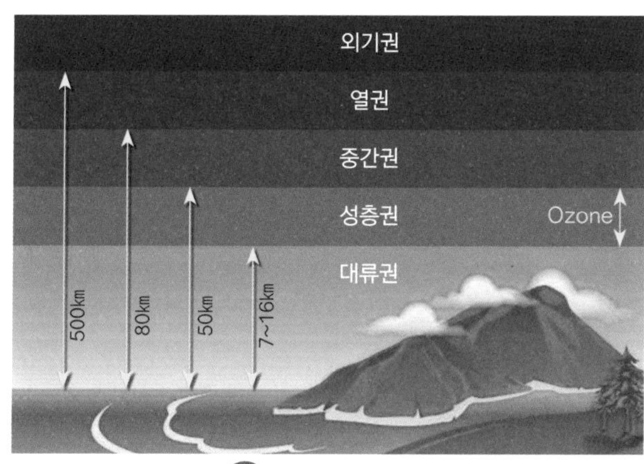

(나) 지구의 겉모습

3 지구는 표면에서부터 바깥쪽으로 가면서 '□□권 → □□권 → □□권 → □권 → 외기권'으로 이루어져 있습니다.

4 오존층은 (대류권, 성층권, 열권)에 속해 있습니다.

잠깐만요

지구 내부 구조

- **지각** 지구의 가장 바깥 부분으로 화강암이나 현무암 같은 암석으로 이루어져 있습니다.
- **맨틀** 지구 부피의 80%, 질량의 60%를 차지하는 부분으로 고체 상태이지만 고정되어 있지 않고 움직이는 것으로 알려져 있습니다.
- **외핵** 액체 상태로 되어 있는 부분으로 무거운 철과 니켈의 혼합물이 대부분을 차지합니다. 액체 상태로 움직이면서 지구 자기장을 형성한다고 알려져 있습니다.
- **내핵** 지구의 중심에 위치한 고체 상태 부분으로, 지구가 만들어질 때부터 있던 원소들이 집적된 곳으로 밀도와 온도, 압력이 매우 높다고 합니다.

재미있는 세계 지도 그리기

안내에 따라 세계 지도를 간략히 그려보세요.

1 다음 순서대로 세계 지도를 완성해보세요.

① 왼쪽의 세계 지도 위에 찍힌 점선을 번호 순서대로 이어보세요.

② 세계 지도를 머릿속에 떠올리면서 오른쪽 그림의 점선을 번호 순서대로 이어 완성하세요.

③ 둘 중에서 마음에 드는 방법을 골라 다른 종이에 여러 번 연습하여 익히세요. 이때 적도를 먼저 그려 기준을 잡아 놓으면 꼴이 잘 잡힌 세계 지도를 더 잘 그릴 수 있습니다.

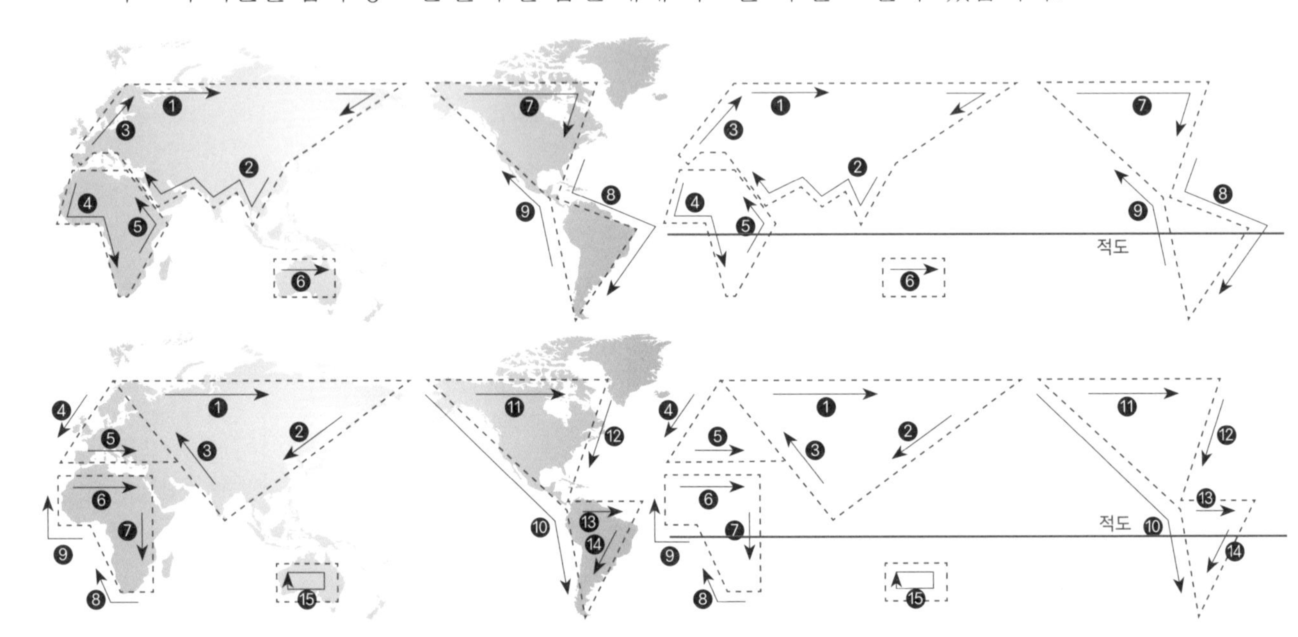

2 다음 순서대로 세계 지도를 완성해보세요.

① **빨간 점**을 찾아 서로 이어서 **적도**를 그립니다.

② **파란 점**을 찾아 서로 이어서 **본초자오선**을 그립니다.

③ 번호를 따라 자나 반듯한 도구를 이용하여 순서대로 직선으로 이어갑니다.

④ 다른 종이에 여러 번 연습하여 익히세요. 이때 연필을 떼지 말고 한 번에 그려야 됩니다!

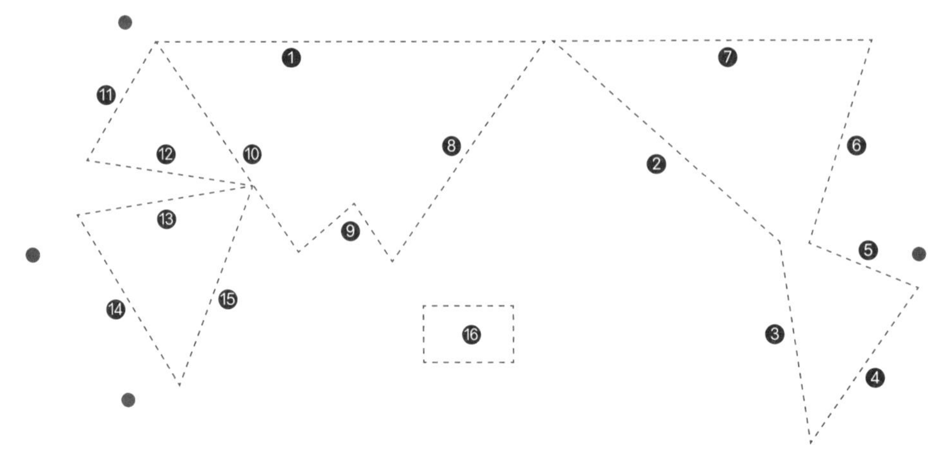

하나

대륙과 나라의 위치 및 영역

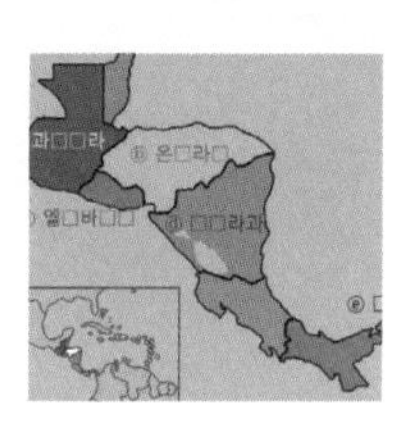

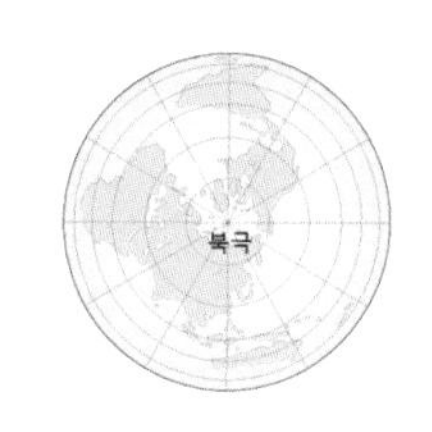

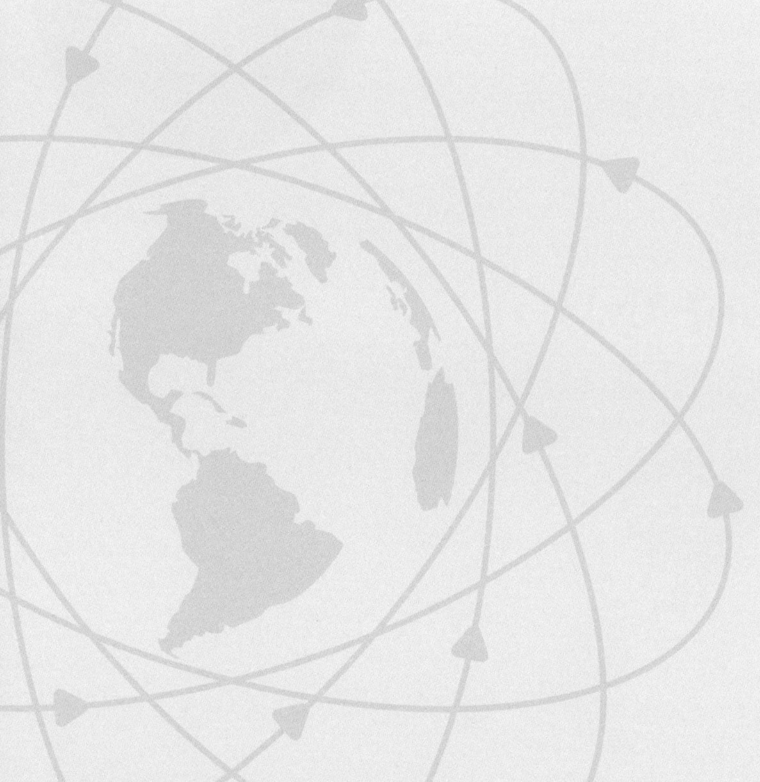

이 단원에서는 세계 각 대륙과 나라의 위치
그리고 영토의 모양을 살펴봅니다.
대륙이나 나라가 어디에 위치해 있는지 아는 것은
세계 지리 학습의 기본입니다.
마치 영어 단어를 많이 알면
영어 공부를 더 잘 할 수 있는 것과 같은 이치입니다.
그럼, 세계에는 어떤 대륙이 있고,
각 대륙에는 어떤 나라들이 있는지 살펴볼까요?

03 대륙과 대양의 위치 및 모습

지구의 표면은 크게 뭍과 물로 이루어져 있습니다. 뭍은 다시 7개의 큰 땅덩어리로 나뉘고, 물은 다시 5개의 큰 바다로 나뉩니다. 이들은 위치와 생김새가 서로 다른 특징을 지니고 있습니다. 그럼, 각각의 위치와 모습을 살펴볼까요?

act 1 대륙과 대양 구분하기

그림을 보고, 물음에 답하거나 알맞은 말을 □ 안에 쓰세요.

1 서로 관계 깊은 것끼리 이어보세요.

① 大陸 • • 대륙 • • 넓은 범위를 차지하는 큰 바다

② 大洋 • • 대양 • • 면적이 넓고 해양의 영향이 안쪽 땅까지 직접 미치지 않는 육지

2 오른쪽 그림에서 대륙 부분에 ○표, 대양 부분에 △표, 그리고 우리나라를 찾아 ◇표 하세요.

3 지구의 총 겉면적은 약 5억 1천만㎢입니다. 그 중에서 육지가 1억 5천만㎢, 바다는 3억 6천만㎢입니다. 따라서 육지와 바다의 면적을 합쳐 100으로 잡는다면, 육지와 바다의 비율은 대략 '29 : □□' 로서 (육지, 바다)가 더 넓습니다.

act 2 세계 지도에서 대륙과 대양 확인하기

다음 지도는 대륙과 대양을 표시한 세계 지도입니다. □ 안에 알맞은 말을 쓰세요.

북극해
유럽
아시아
북아메리카
대서양
아프리카
태평양
인도양
남아메리카
오세아니아
0 2000km
남극 대륙
남대양

1 지도에 나타난 각 대륙의 크기를 비교해 볼 때, 가장 큰 대륙은 □□□이고, 가장 작은 대륙은 □□□□□입니다.

2 대양 중에서 가장 넓은 면적을 가진 대양은 □□□ 입니다.

3 우리나라는 □□□ 대륙에 위치해 있습니다.

act 3 대륙 구분하기

앞의 act 2 의 세계 지도를 바탕으로 어떤 대륙인지 물음에 답하세요.

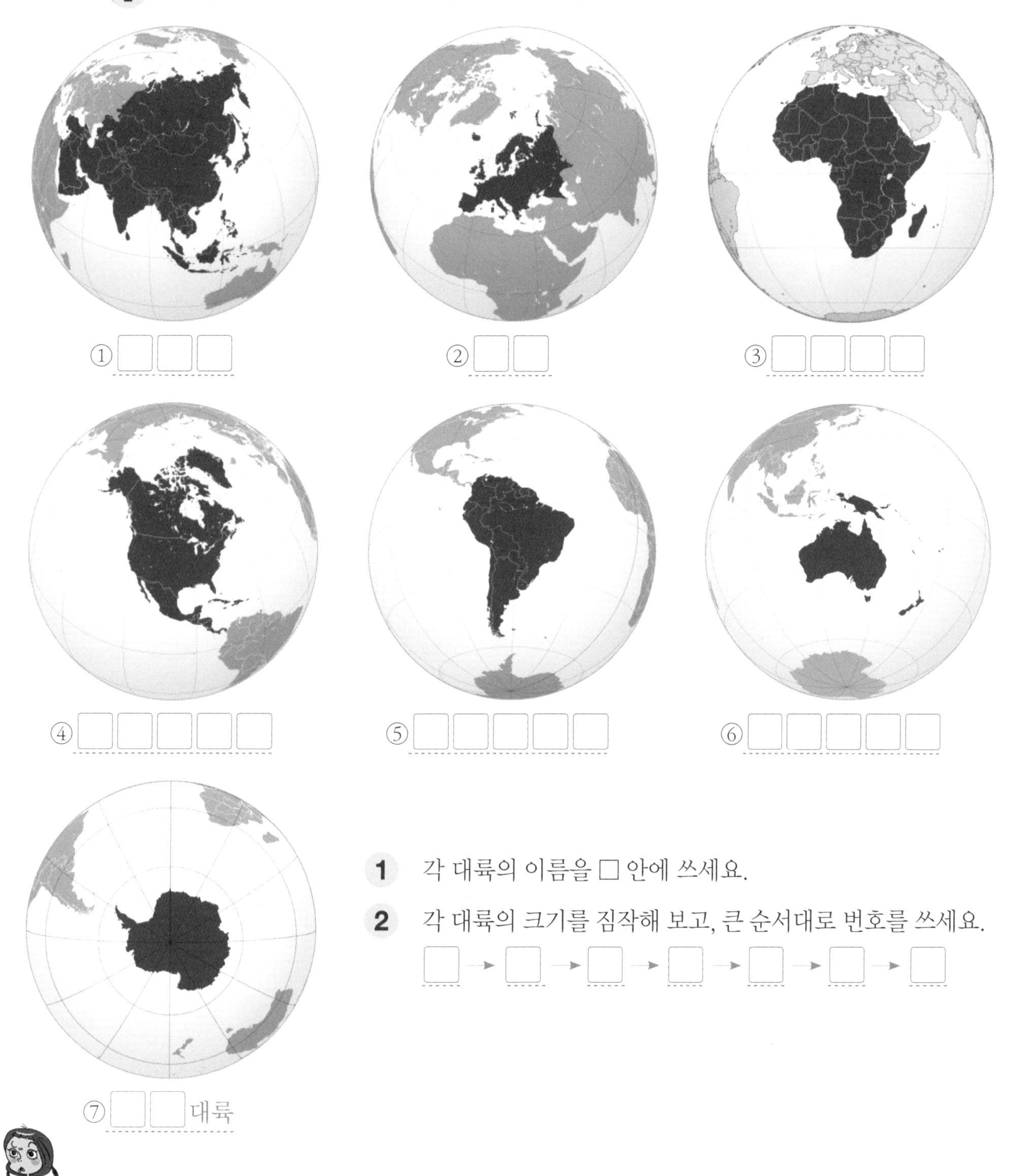

1 각 대륙의 이름을 □ 안에 쓰세요.

2 각 대륙의 크기를 짐작해 보고, 큰 순서대로 번호를 쓰세요.

□ → □ → □ → □ → □ → □ → □

잠깐만요

세계에서 면적이 가장 넓은 대륙과 가장 작은 대륙은 각각 어느 곳일까요? 세계 각 대륙의 면적은 대략 **아시아** 44,579,000㎢, **아프리카** 30,370,000㎢, **북아메리카** 24,709,000㎢, **남아메리카** 17,840,000㎢, **남극 대륙** 14,000,000㎢, **유럽** 10,180,000㎢, **오세아니아** 8,525,989㎢입니다. 그렇지만 이 수치는 어디까지나 추정에 불과합니다. 지구상에서 어떤 지역이나 장소의 정확한 면적을 알아내기란 쉽지 않은 일이랍니다. 그 경계를 어디로 삼느냐에 따라 크기가 달라지기 때문이지요.

act 4 각 대륙의 경계 추리하기

앞의 act 2 와 act 3 을 바탕으로 □ 안에 들어갈 알맞은 말을 추리해보세요.

(가)

(나)

(다)

1 (가)의 □□ 산맥은 서쪽의 □□ 대륙과 동쪽의 □□□ 대륙을 가르는 경계입니다.

2 (나)의 □□□ 지협은 북쪽의 □□□□□ 대륙과 남쪽의 □□□□□ 대륙을 가르는 경계입니다.

3 (다)의 □□□ 지협은 서쪽의 □□□□ 대륙과 동쪽의 □□□ 대륙을 가르는 경계입니다.

act 5 대륙과 섬을 구분하는 기준 알아보기

그림을 보고, 알맞은 말에 ○표 하거나 □ 안에 쓰세요.

잠깐만요

지협(地峽)은 두 개의 육지를 연결하는 좁고 잘록한 땅을 말합니다.

(가)

(나)

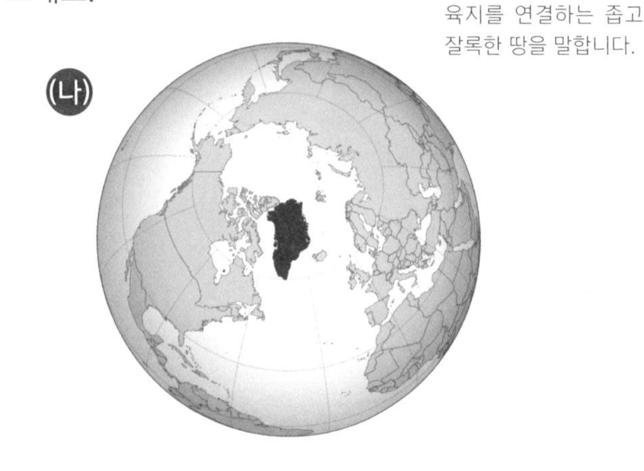

1 (가)는 (오스트레일리아, 그린란드)이고, (나)는 (오스트레일리아, 그린란드)입니다.

2 (가)를 (대륙, 섬), (나)를 (대륙, 섬)이라고 합니다.

3 이처럼 일반적으로 (가)보다 크면 □□, 작으면 □이라고 구분합니다.

act 6 대양 구분하기

앞의 act 2 의 세계 지도를 바탕으로 어떤 대양인지 물음에 답하세요.

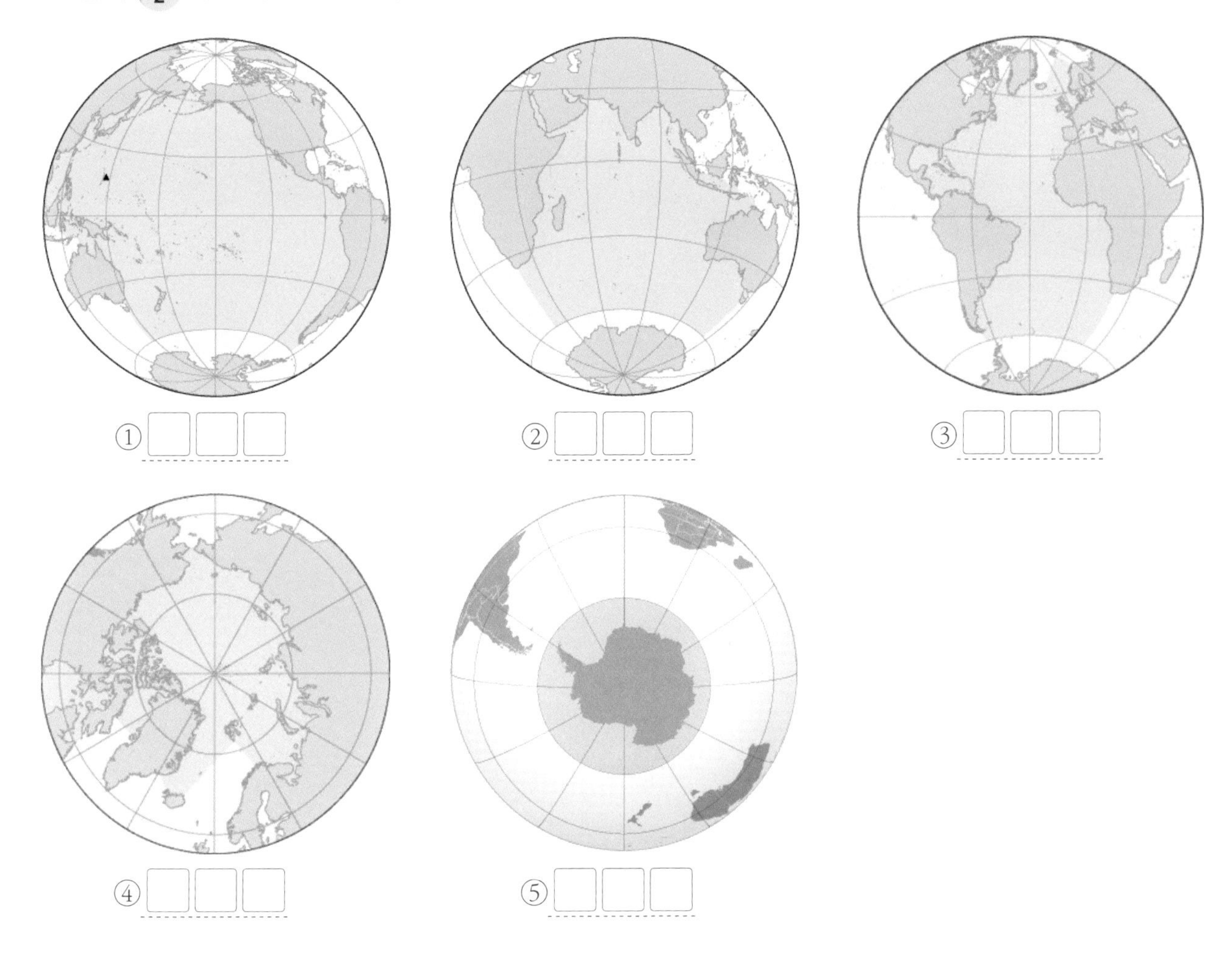

1 각 대양의 이름을 □ 안에 쓰세요.

2 각 대양의 크기를 짐작해 보고, 큰 순서대로 번호를 쓰세요.

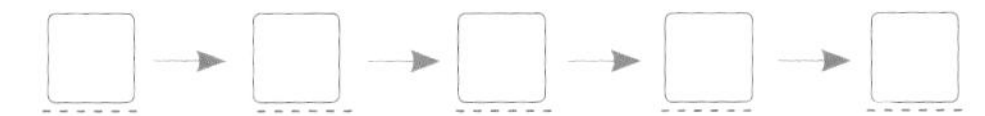

잠깐만요

세계에서 면적이 가장 넓은 대양과 가장 작은 대양은 각각 어느 곳일까요? 세계 각 대양의 면적은 대략 **태평양** 165,250,000㎢, **대서양** 106,460,000㎢, **인도양** 70,560,000㎢, **남대양** 20,327,000㎢, **북극해** 14,056,000㎢입니다. 아, 참! 우리가 그동안 알고 있던 '남극해'는 2000년 국제수로기구에서 공식적으로 '남대양(Southern Ocean)'으로 정해졌답니다.

act 7 대륙의 형태 및 위치 알아보기

다양하게 표현된 여러 세계 지도를 보고, 대륙과 대양의 이름을 □ 안에 쓰세요.

1

① □□□□□
② □□□□□
③ □□
④ □□□
⑤ □□□□
⑥ □□□□□
ⓐ □□□
ⓑ □□□
ⓒ □□□

2

① □□□□□
② □□□□
③ □□
④ □□□□□
⑤ □□□
⑥ □□□□□
ⓐ □□□
ⓑ □□□
ⓒ □□□
ⓓ □□□

3

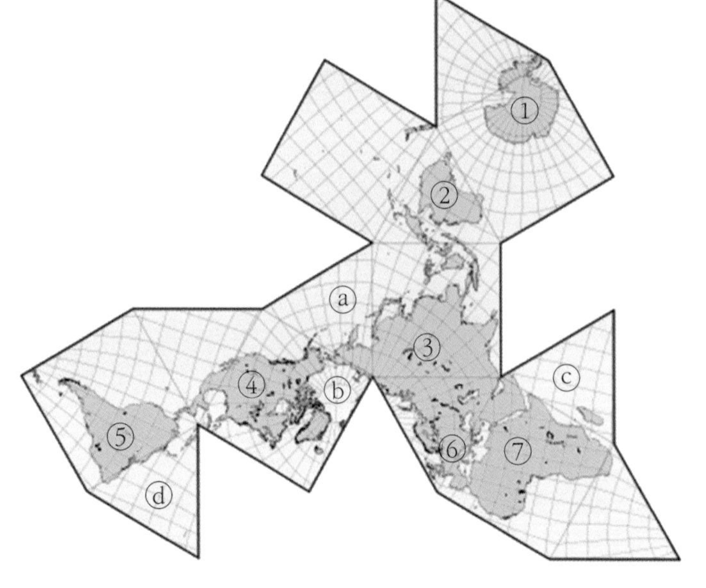

① □□ 대륙
② □□□□□
③ □□□
④ □□□□□
⑤ □□□□□
⑥ □□
⑦ □□□□
ⓐ □□□
ⓑ □□□
ⓒ □□□
ⓓ □□□

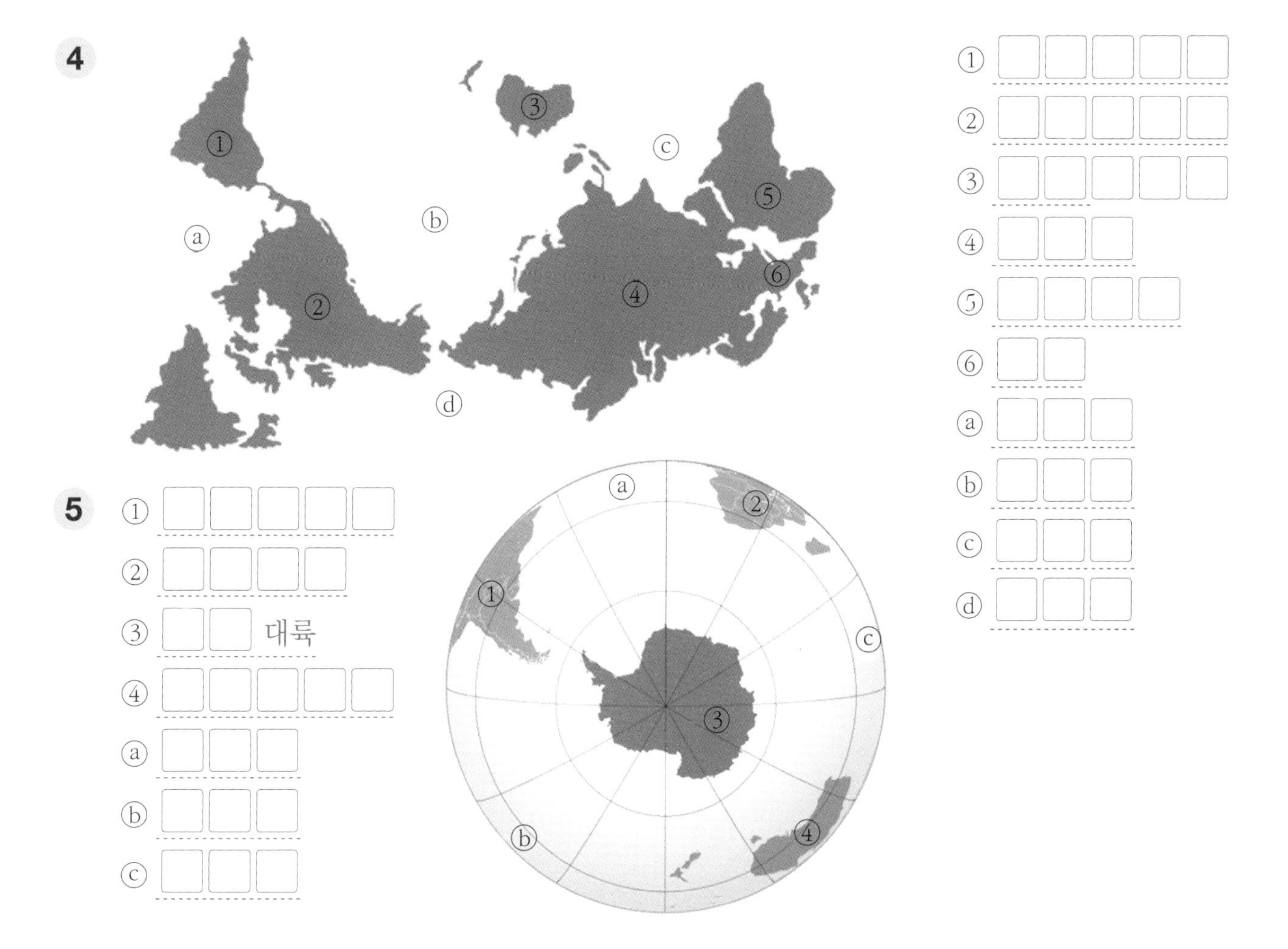

act 8 대륙과 해양의 위치 함께 알아보기

1 '부산-로스앤젤레스' 행 화물선은 반드시 ☐☐양을 항해해야 합니다.

2 마다가스카르 섬 동쪽의 대양 이름은 ☐☐양입니다.

3 시드니는 ☐☐☐☐☐ 대륙에 위치합니다.

4 '파리-상파울루' 간 여객기가 직선으로 비행할 경우, ☐☐☐☐ 대륙 서쪽과 ☐☐양 상공을 지나갑니다.

04 대륙별 주요 나라의 위치 및 영토

각 대륙은 다시 여러 개의 나라로 이루어져 있습니다. 각 나라는 위치와 영역이 서로 다릅니다. 어떤 나라는 바다와 붙어 있고, 어떤 나라는 다른 나라에 에워싸여 있기도 합니다. 또한 어떤 나라는 길쭉하고, 어떤 나라는 넓적하기도 합니다. 그럼, 지금부터 각 대륙별로 주요 나라의 위치와 영토 모양을 살펴볼까요?

act 1 아시아 주요 나라의 위치 찾기

지도를 보고, 물음에 답하거나 활동하세요.

잠깐만요

아시아에 대한 기본 정보!

아시아는 세계에서 가장 큰 대륙이자, 인구수도 가장 많은 대륙입니다. 전체 육지 면적의 30%, 지구 전체 면적의 8.7% 정도를 차지합니다. 인구수는 대략 44억 명 정도입니다. 아시아에는 모두 **48개의 UN 가입국**이 있으며, 이중 가장 큰 면적을 가진 나라는 **중국**입니다.

1 그림은 국기 무늬를 넣은 각 나라의 영토 모양입니다. 자음을 힌트로 ① ~ ⑨ 나라의 이름을 보기에서 찾아 자음 위에 쓰세요.

2 ① ~ ⑨ 나라를 앞쪽의 아시아 지도에서 찾아 제시한 색깔대로 지도에 직접 칠하세요.

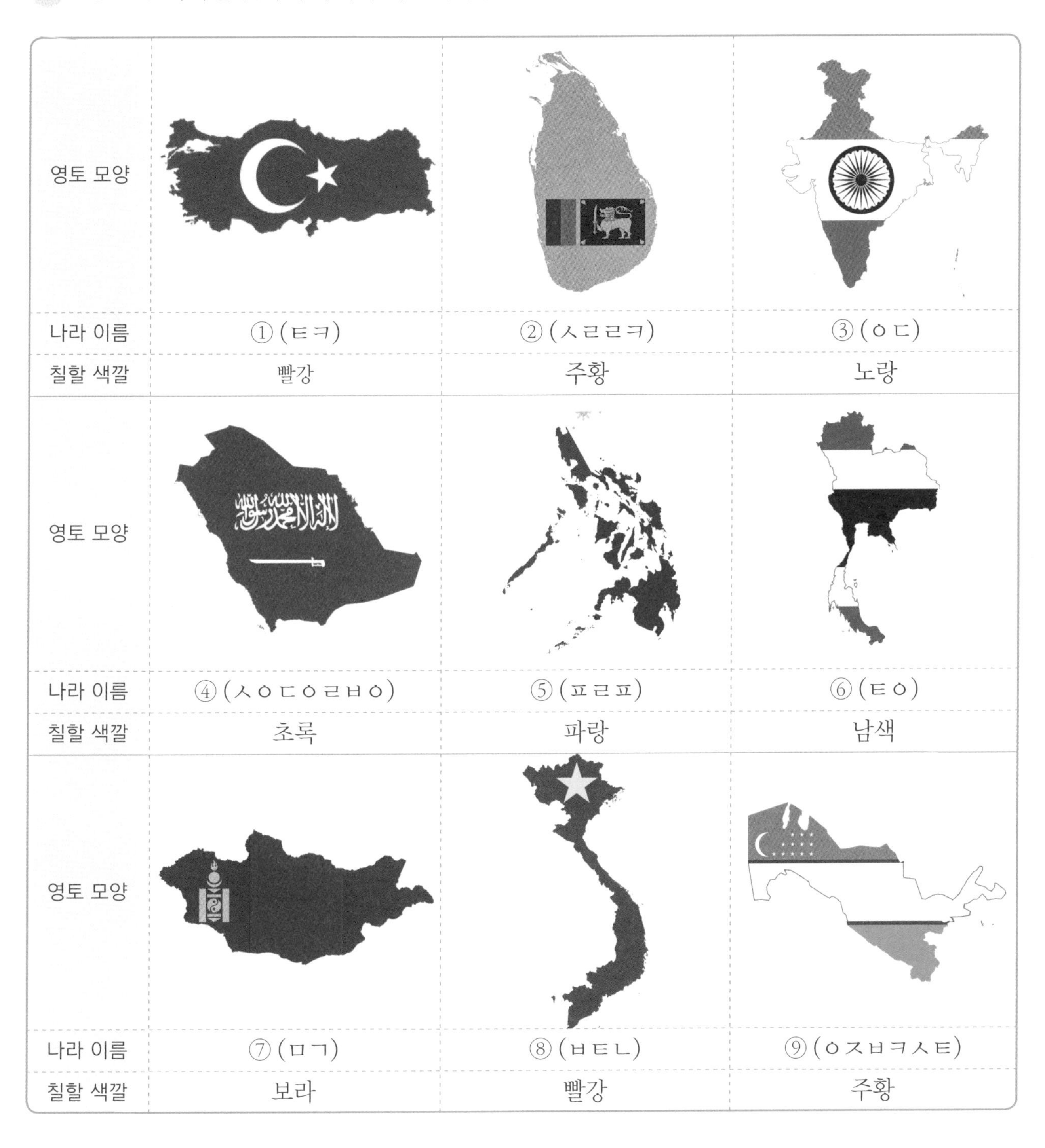

영토 모양			
나라 이름	①(ㅌㅋ)	②(ㅅㄹㄹㅋ)	③(ㅇㄷ)
칠할 색깔	빨강	주황	노랑
영토 모양			
나라 이름	④(ㅅㅇㄷㅇㄹㅂㅇ)	⑤(ㅍㄹㅍ)	⑥(ㅌㅇ)
칠할 색깔	초록	파랑	남색
영토 모양			
나라 이름	⑦(ㅁㄱ)	⑧(ㅂㅌㄴ)	⑨(ㅇㅈㅂㅋㅅㅌ)
칠할 색깔	보라	빨강	주황

보기 몽골, 베트남, 사우디아라비아, 스리랑카, 우즈베키스탄, 인도, 타이, 터키, 필리핀

act 2 유럽 주요 나라의 위치 찾기

지도를 보고, 물음에 답하거나 활동하세요.

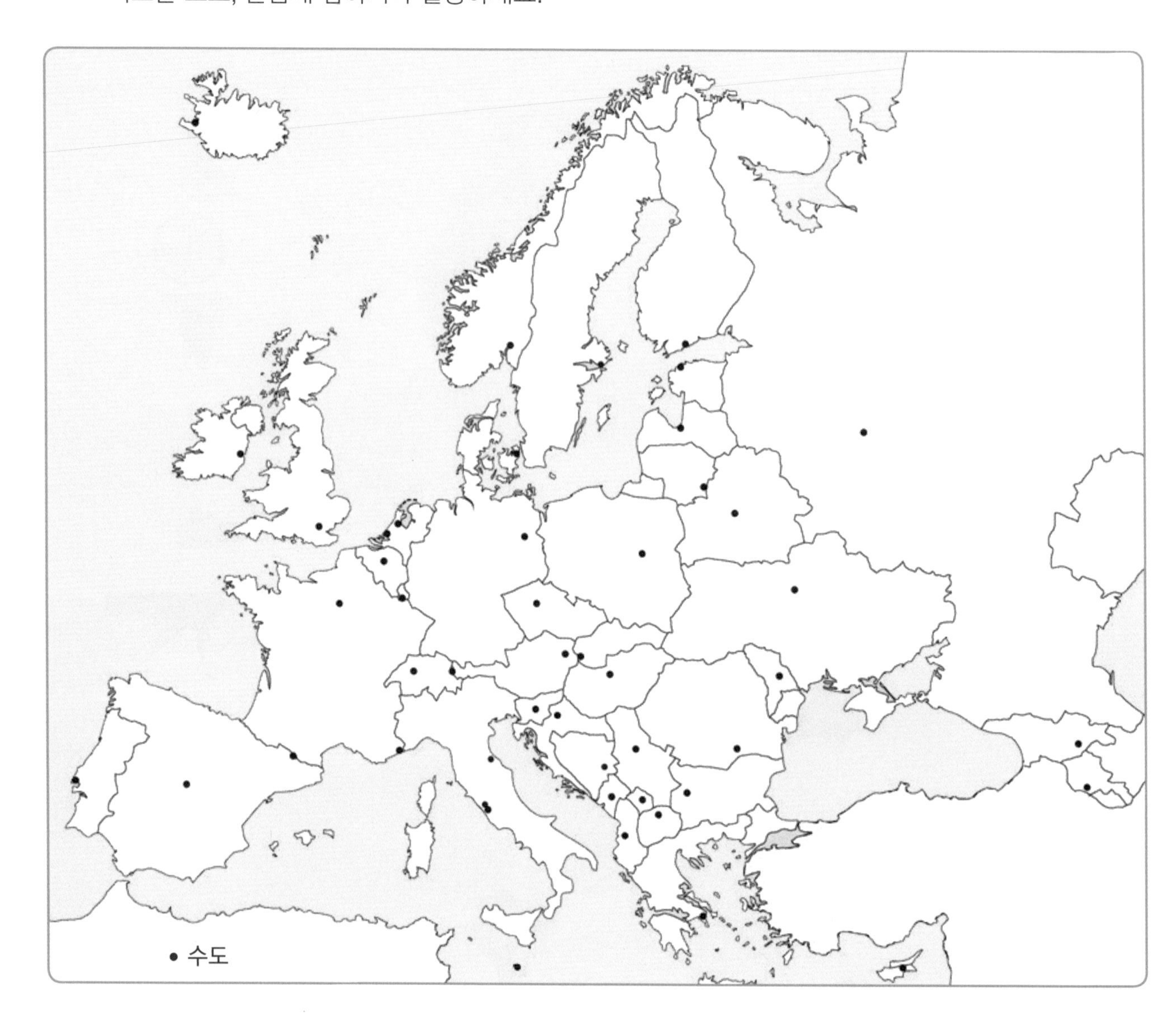

잠깐만요

유럽에 대한 기본 정보!

유럽은 전체 육지 면적의 6.8%, 지구 전체 면적의 2% 정도를 차지하지요. 인구 수는 대략 7억 4천만 명 정도입니다. 유럽에는 **56개의 나라**가 있으며, 이중 가장 넓은 면적을 가진 나라는 **러시아**입니다. 참고로 **가장 작은 영토**를 가진 국가는 이탈리아의 수도 로마에 위치한 **바티칸 시국**으로 약 0.44㎢입니다. 인구 수도 유럽에서 가장 적습니다.

〈바티칸 시국의 성 베드로 광장〉

1 그림은 국기 무늬를 넣은 각 나라의 영토 모양입니다. 자음을 힌트로 ① ~ ⑨ 나라의 이름을 보기 에서 찾아 자음 위에 쓰세요.

2 ① ~ ⑨ 나라를 앞쪽의 유럽 지도에서 찾아 제시한 색깔대로 지도에 직접 칠하세요.

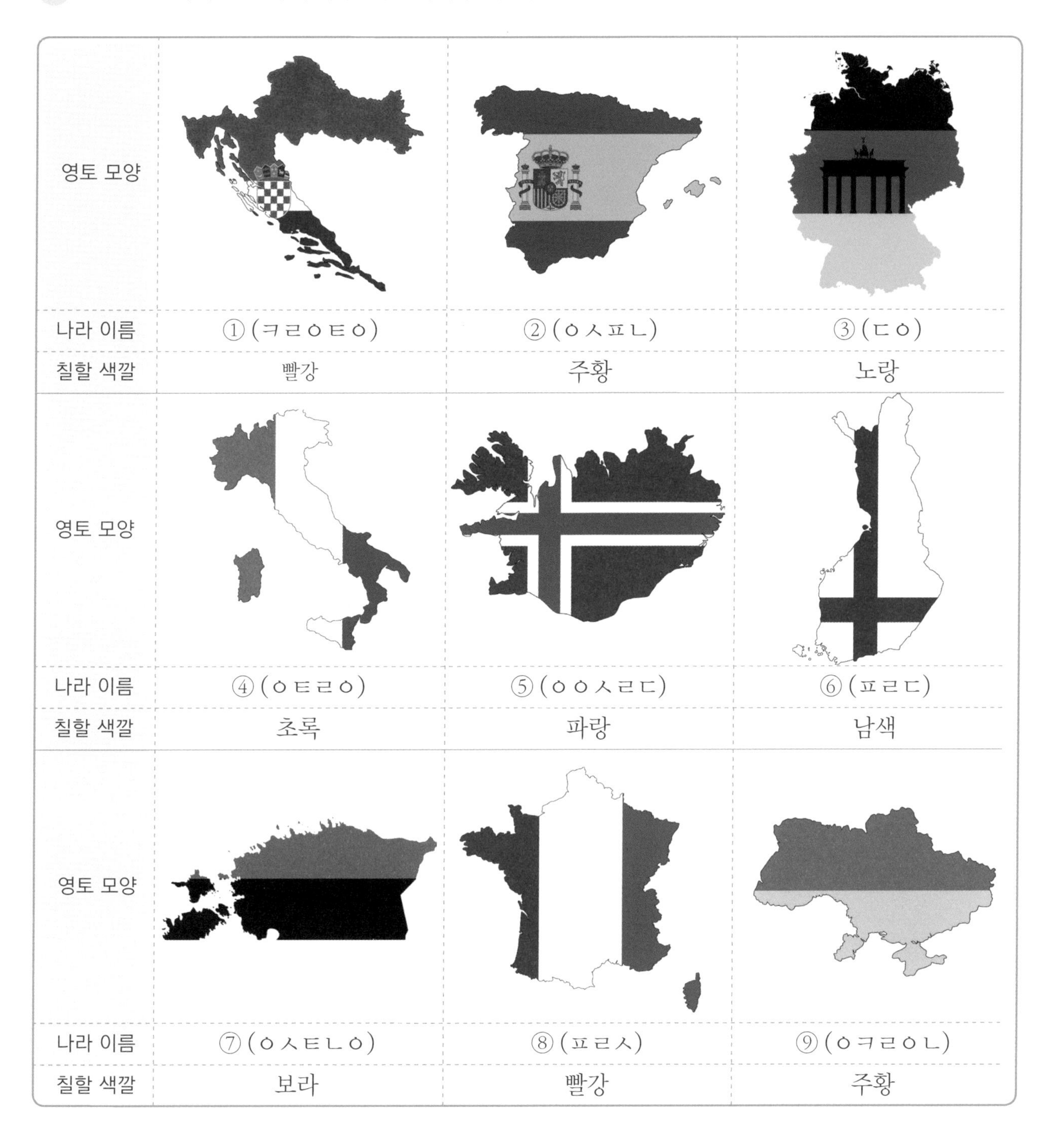

영토 모양			
나라 이름	①(ㅋㄹㅇㅌㅇ)	②(ㅇㅅㅍㄴ)	③(ㄷㅇ)
칠할 색깔	빨강	주황	노랑
영토 모양			
나라 이름	④(ㅇㅌㄹㅇ)	⑤(ㅇㅇㅅㄹㄷ)	⑥(ㅍㄹㄷ)
칠할 색깔	초록	파랑	남색
영토 모양			
나라 이름	⑦(ㅇㅅㅌㄴㅇ)	⑧(ㅍㄹㅅ)	⑨(ㅇㅋㄹㅇㄴ)
칠할 색깔	보라	빨강	주황

보기 독일, 아이슬란드, 에스토니아, 에스파냐, 우크라이나, 이탈리아, 크로아티아, 프랑스, 핀란드

아프리카 주요 나라의 위치 찾기

지도를 보고, 물음에 답하거나 활동하세요.

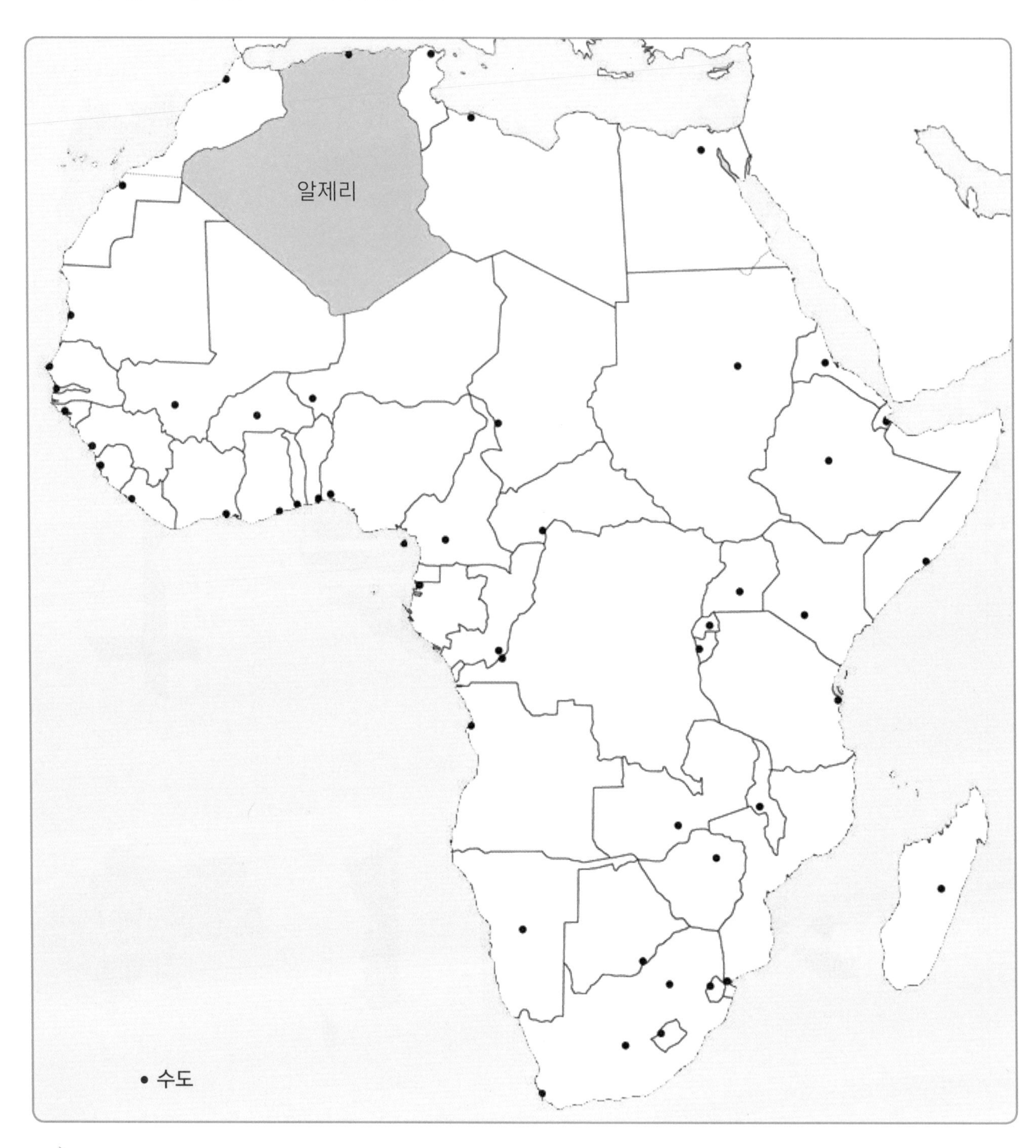

잠깐만요

아프리카에 대한 기본 정보!

아프리카는 세계에서 두 번째로 넓습니다. 세계 전체 육지 면적의 20.4%, 지구 전체 면적의 6% 정도를 차지하지요. 인구수는 대략 12억 명 정도입니다. 아프리카에는 **54개의 나라**가 있으며, 이중 가장 큰 면적을 가진 나라는 **알제리**입니다.

1 그림은 국기 무늬를 넣은 각 나라의 영토 모양입니다. 자음을 힌트로 ① ~ ⑨ 나라의 이름을 보기에서 찾아 자음 위에 쓰세요.

2 ① ~ ⑨ 나라를 앞쪽의 아프리카 지도에서 찾아 제시한 색깔대로 지도에 직접 칠하세요.

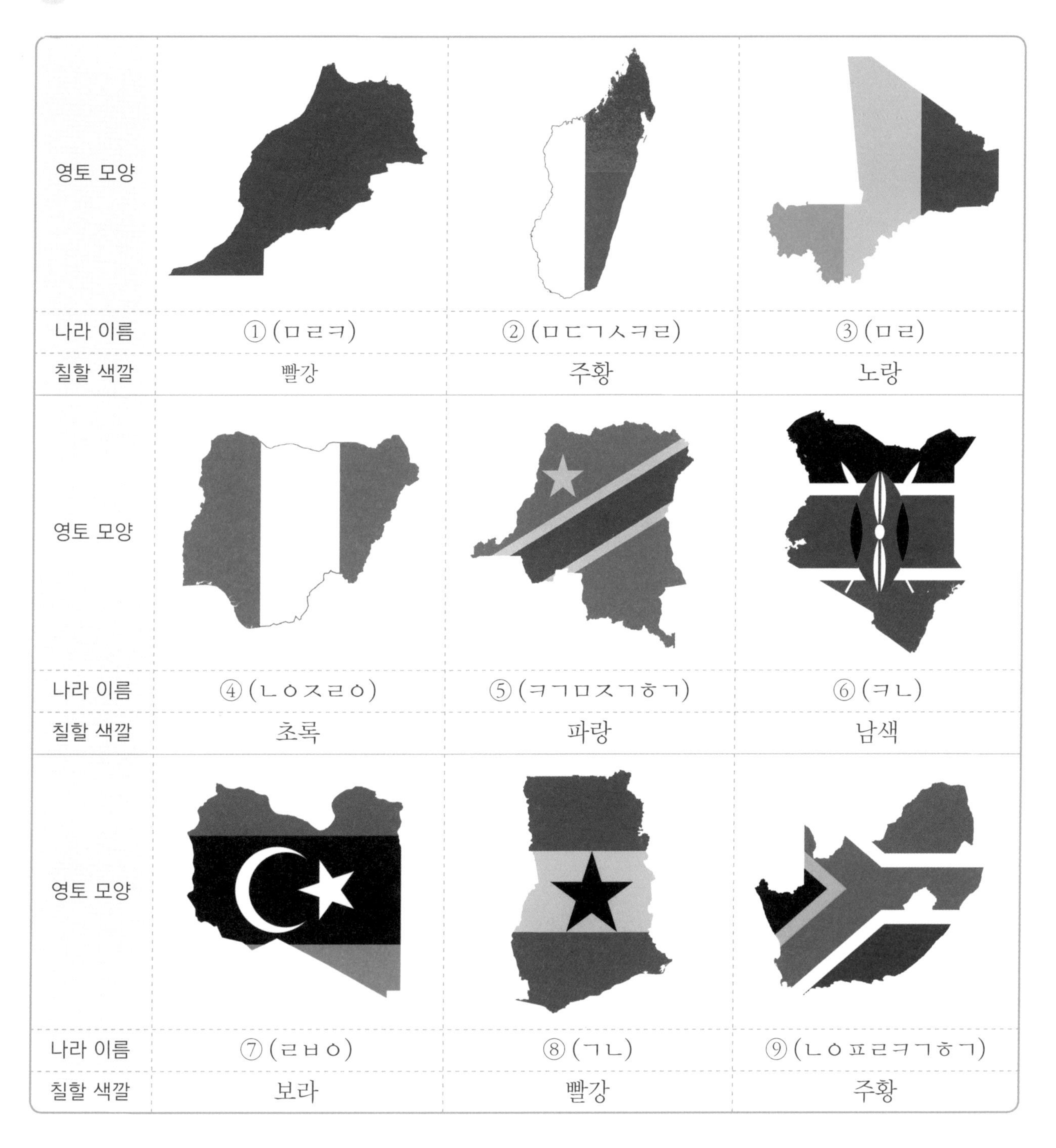

영토 모양			
나라 이름	①(ㅁㄹㅋ)	②(ㅁㄷㄱㅅㅋㄹ)	③(ㅁㄹ)
칠할 색깔	빨강	주황	노랑
영토 모양			
나라 이름	④(ㄴㅇㅈㄹㅇ)	⑤(ㅋㄱㅁㅈㄱㅎㄱ)	⑥(ㅋㄴ)
칠할 색깔	초록	파랑	남색
영토 모양			
나라 이름	⑦(ㄹㅂㅇ)	⑧(ㄱㄴ)	⑨(ㄴㅇㅍㄹㅋㄱㅎㄱ)
칠할 색깔	보라	빨강	주황

보기 가나, 나이지리아, 남아프리카공화국, 리비아, 마다가스카르, 말리, 모로코, 케냐, 콩고민주공화국

북아메리카 주요 나라의 위치 찾기

지도를 보고, 물음에 답하거나 활동하세요.

잠깐만요

북아메리카에 대한 기본 정보!

북아메리카는 아시아, 아프리카에 이어 세계에서 세 번째로 넓습니다. 세계 전체 육지 면적의 16.5%, 지구 전체 면적의 4.8% 정도를 차지하지요. 인구수는 대략 5억 7천 명 정도입니다. 북아메리카에는 **23개의 나라**가 있으며, 이중 가장 큰 면적을 가진 나라는 **캐나다**입니다.

1 그림은 국기 무늬를 넣은 각 나라의 영토 모양입니다. 자음을 힌트로 ① ~ ⑦ 나라의 이름을 보기에서 찾아 자음 위에 쓰세요.

2 ① ~ ⑨ 나라를 앞쪽의 북아메리카 지도에서 찾아 제시한 색깔대로 지도에 직접 칠하세요.

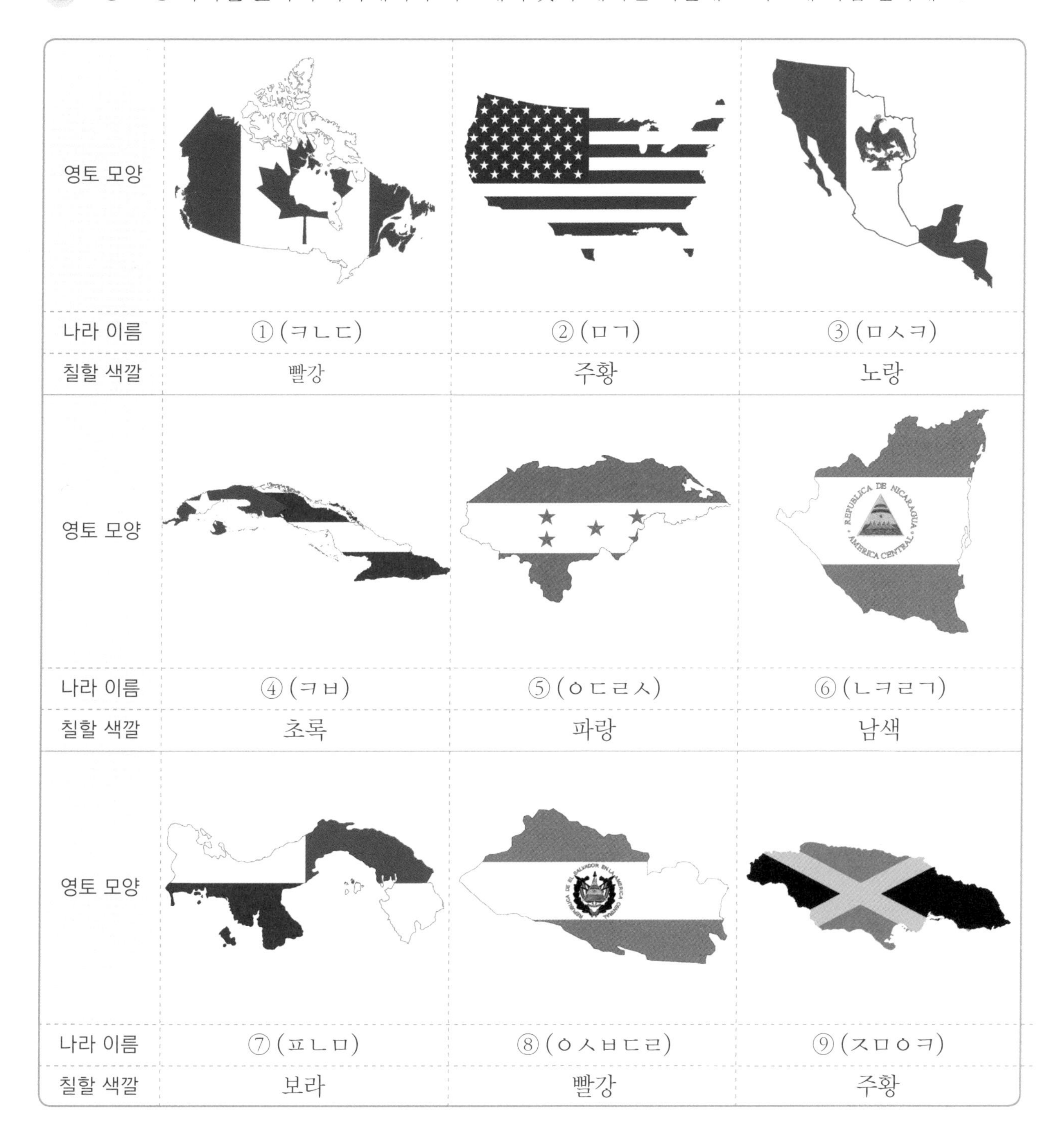

영토 모양			
나라 이름	① (ㅋㄴㄷ)	② (ㅁㄱ)	③ (ㅁㅅㅋ)
칠할 색깔	빨강	주황	노랑
영토 모양			
나라 이름	④ (ㅋㅂ)	⑤ (ㅇㄷㄹㅅ)	⑥ (ㄴㅋㄹㄱ)
칠할 색깔	초록	파랑	남색
영토 모양			
나라 이름	⑦ (ㅍㄴㅁ)	⑧ (ㅇㅅㅂㄷㄹ)	⑨ (ㅈㅁㅇㅋ)
칠할 색깔	보라	빨강	주황

보기 니카라과, 멕시코, 미국, 엘살바도르, 온두라스, 자메이카, 캐나다, 쿠바, 파나마

남아메리카 주요 나라의 위치 찾기

지도를 보고, 물음에 답하거나 활동하세요.

잠깐만요

남아메리카에 대한 기본 정보!

남아메리카는 아시아, 아프리카, 북아메리카에 이어 세계에서 네 번째로 넓습니다. 인구수는 대략 4억 1천 명 정도로 추정됩니다. 남아메리카에는 **12개의 나라**가 있으며, 이중 가장 큰 면적을 가진 나라는 **브라질**입니다.

1 그림은 국기 무늬를 넣은 각 나라의 영토 모양입니다. 자음을 힌트로 ① ~ ⑨ 나라의 이름을 보기에서 찾아 자음 위에 쓰세요.

2 ① ~ ⑨ 나라를 앞쪽의 남아메리카 지도에서 찾아 제시한 색깔대로 지도에 직접 칠하세요.

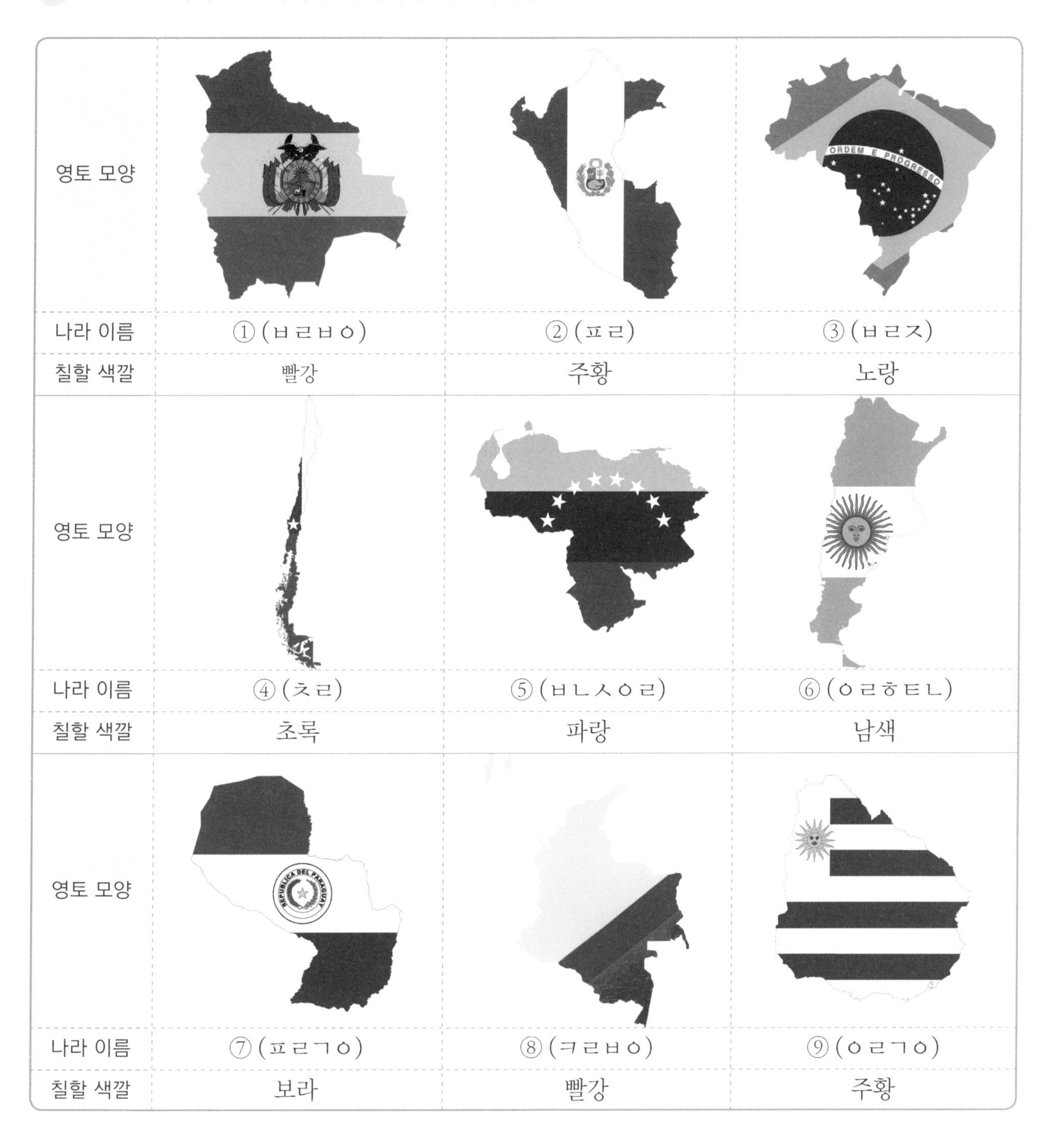

영토 모양			
나라 이름	①(ㅂㄹㅂㅇ)	②(ㅍㄹ)	③(ㅂㄹㅈ)
칠할 색깔	빨강	주황	노랑
영토 모양			
나라 이름	④(ㅊㄹ)	⑤(ㅂㄴㅅㅇㄹ)	⑥(ㅇㄹㅎㅌㄴ)
칠할 색깔	초록	파랑	남색
영토 모양			
나라 이름	⑦(ㅍㄹㄱㅇ)	⑧(ㅋㄹㅂㅇ)	⑨(ㅇㄹㄱㅇ)
칠할 색깔	보라	빨강	주황

보기 베네수엘라, 볼리비아, 브라질, 아르헨티나, 우루과이, 칠레, 콜롬비아, 파라과이, 페루

오세아니아 주요 나라의 위치 찾기

지도를 보고, 물음에 답하거나 활동하세요.

1 그림은 국기 무늬를 넣은 각 나라의 영토 모양입니다. 자음을 힌트로 ① ~ ③ 나라의 이름을 보기에서 찾아 자음 위에 쓰세요.

2 ① ~ ③ 나라를 앞의 오세아니아 지도에서 찾아 제시한 색깔대로 지도에 직접 칠하세요.

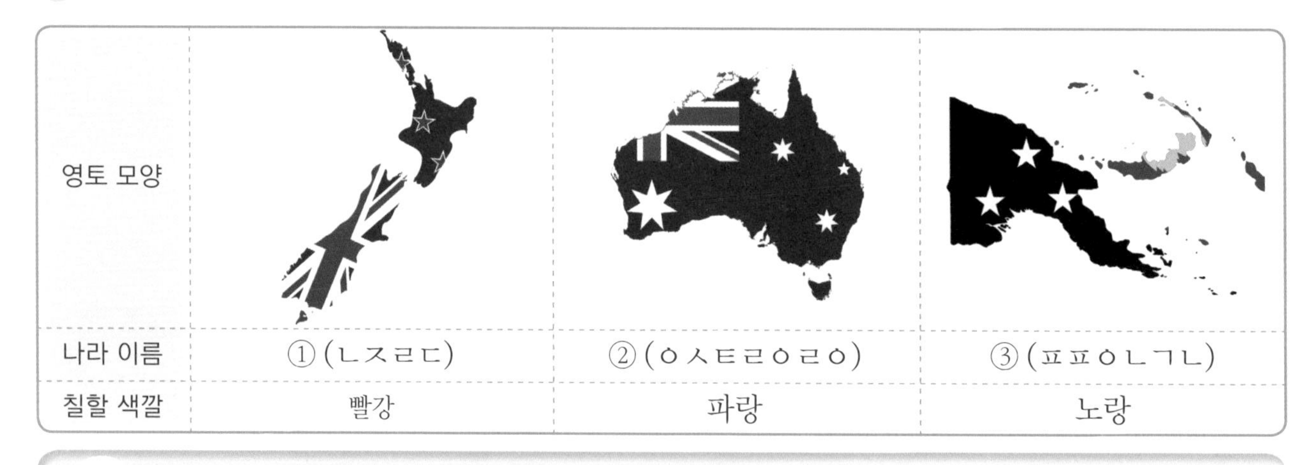

영토 모양			
나라 이름	①(ㄴㅈㄹㄷ)	②(ㅇㅅㅌㄹㅇㄹㅇ)	③(ㅍㅍㅇㄴㄱㄴ)
칠할 색깔	빨강	파랑	노랑

보기 뉴질랜드, 오스트레일리아, 파푸아 뉴기니

잠깐만요

오세아니아에 대한 기본 정보!

오세아니아의 인구수는 대략 3천 7백만 명 정도로 추정됩니다. 오세아니아에는 **14개의 UN가입국**이 있습니다. 그렇지만 쿡 아일랜드처럼 UN에 가입하지 않은 두 개 나라도 있습니다. 이외에도 하와이처럼 오세아니아 밖의 다른 국가에 속한 작은 영토가 아주 많이 있습니다. 오세아니아에서 가장 큰 면적을 가진 나라는 **오스트레일리아**입니다.

대륙별 각 나라의 수도 위치

각 나라는 저마다 수도를 가집니다. 수도란 한 나라의 통치기관이 있는 정치 활동의 중심지를 말합니다. 따라서 인구수가 가장 많다거나 역사가 오래된 도시가 수도는 아니라는 뜻이지요.
그럼 각 나라의 수도 이름과 위치를 살펴볼까요?

아시아 각 나라의 수도 위치와 이름 알아보기

보기의 나라와 수도 이름을 참고하여 지도에 표시된 점에 알맞은 수도 이름을 쓰세요.

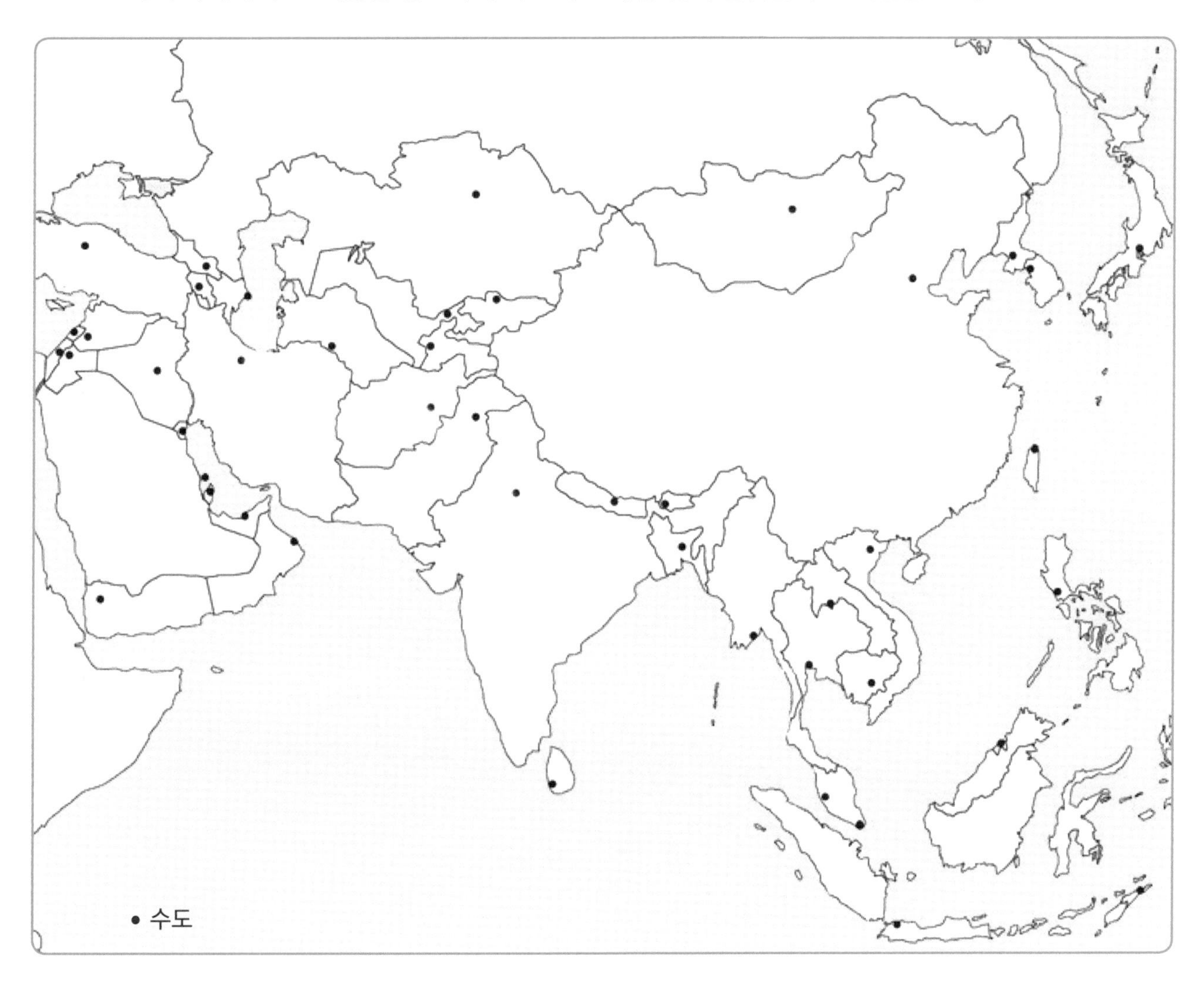

보기

나라	수도	나라	수도	나라	수도	나라	수도
터키	앙카라	아프가니스탄	카불	중국	베이징	말레이시아	쿠알라룸푸르
이라크	바그다드	인도	뉴델리	베트남	하노이	싱가포르	싱가포르
이란	테헤란	네팔	카트만두	필리핀	마닐라	인도네시아	자카르타
우즈베키스탄	타슈켄트	몽골	울란바토르	타이	방콕	일본	도쿄

유럽 각 나라의 수도 위치와 이름 알아보기

보기의 나라와 수도 이름을 참고하여 지도에 표시된 점에 알맞은 수도 이름을 쓰세요.

보기	나라	수도	나라	수도	나라	수도
	영국	런던	러시아	모스크바	불가리아	소피아
	프랑스	파리	폴란드	바르샤바	그리스	아테네
	독일	베를린	체코	프라하	이탈리아	로마
	스웨덴	스톡홀름	오스트리아	빈	스위스	베른
	핀란드	헬싱키	헝가리	부다페스트	에스파냐	마드리드

아프리카 각 나라의 수도 위치와 이름 알아보기

보기의 나라와 수도 이름을 참고하여 지도에 표시된 점에 알맞은 수도 이름을 쓰세요.

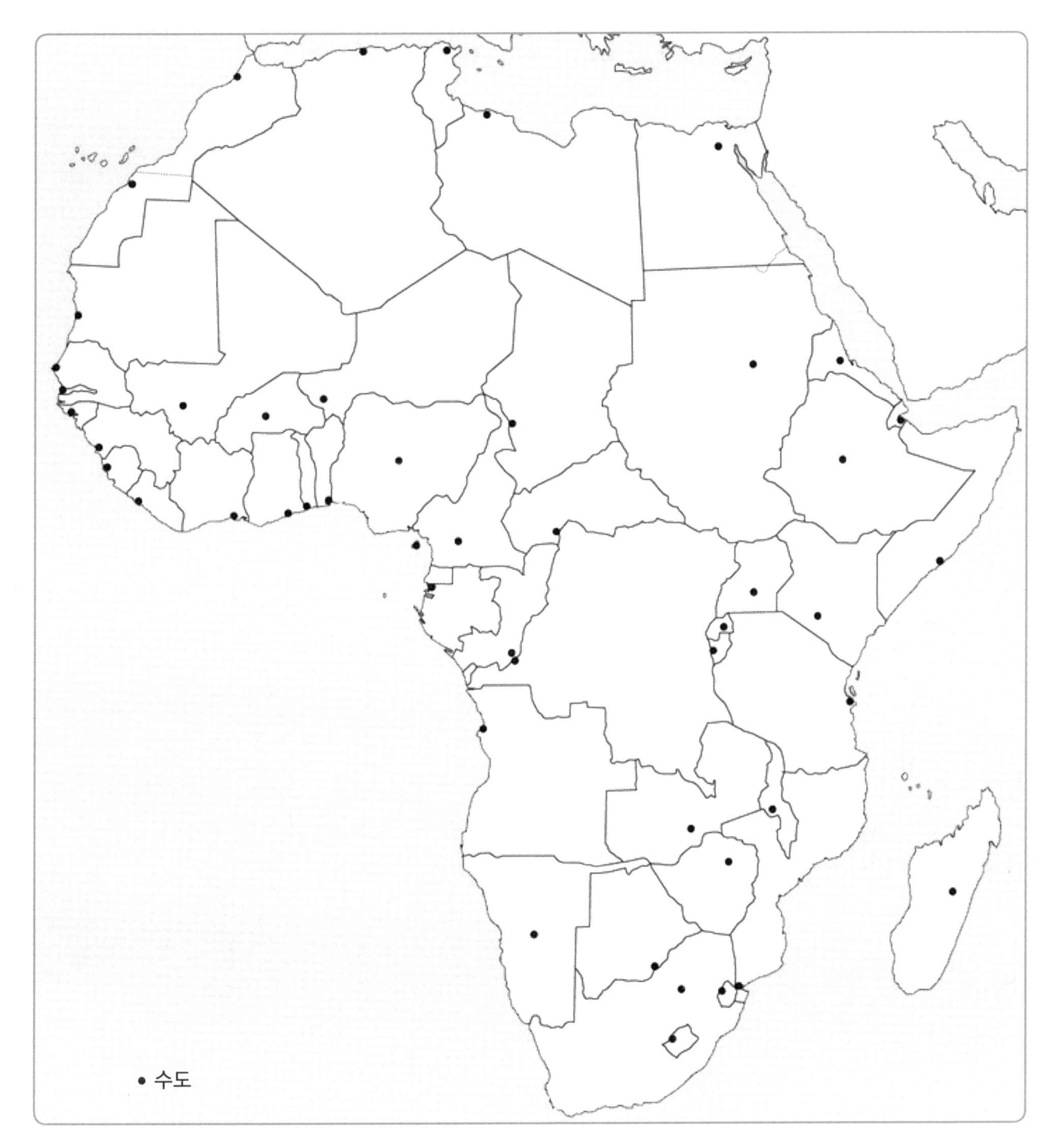

보기

나라	수도	나라	수도	나라	수도	나라	수도
이집트	카이로	가나	아크라	에티오피아	아디스아바바	나미비아	빈트후크
리비아	트리폴리	나이지리아	아부자	케냐	나이로비	남아프리카공화국	프리토리아
알제리	알제	차드	은자메나	콩고민주공화국	킨샤샤	마다가스카르	안타나나리보
세네갈	다카르	수단	하르툼	앙골라	루안다	소말리아	모가디슈

북아메리카 각 나라의 수도 위치와 이름 알아보기

보기의 나라와 수도 이름을 참고하여 지도에 표시된 점에 알맞은 수도 이름을 쓰세요.

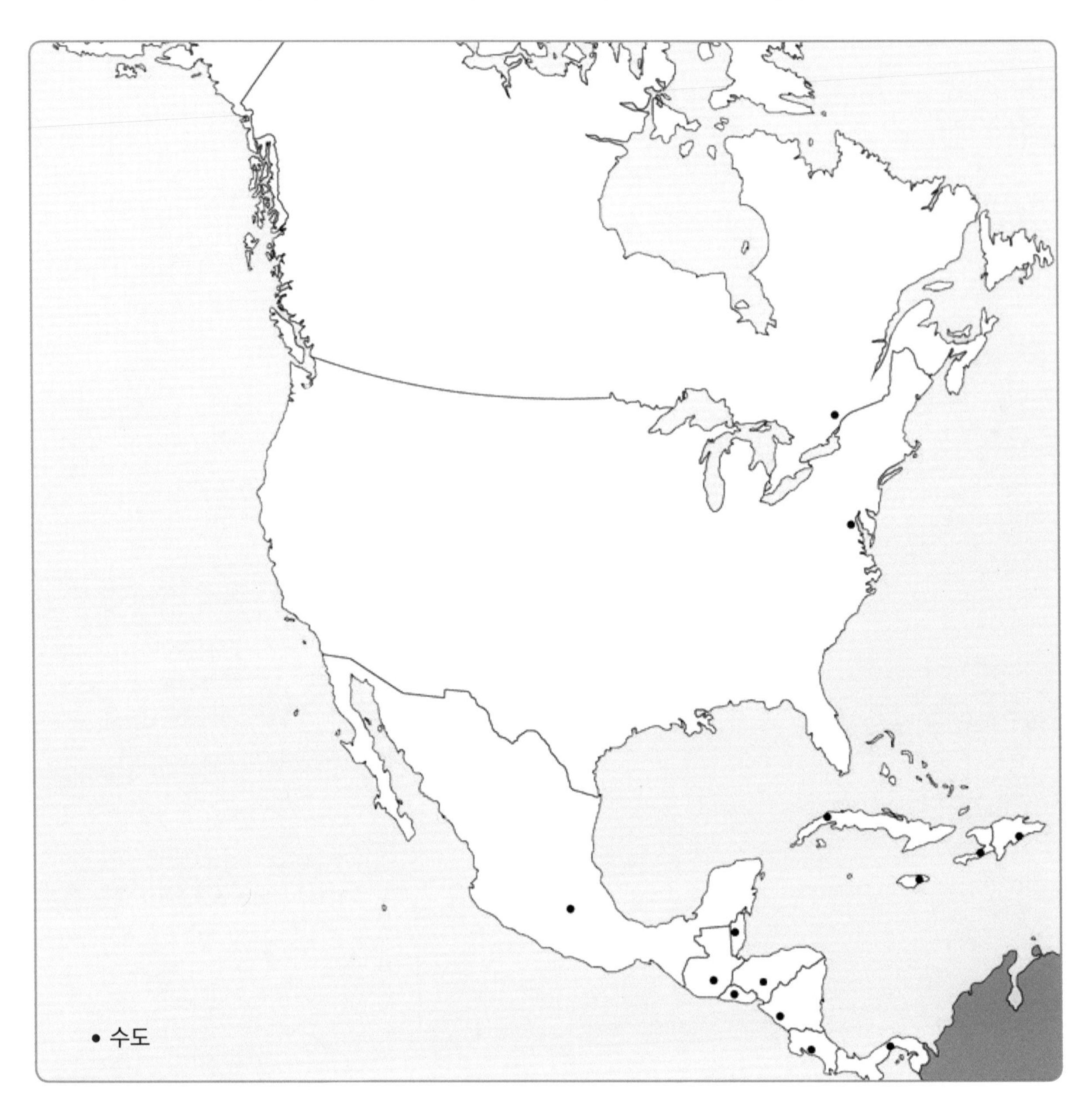

보기	나라	수도	나라	수도
	캐나다	오타와	멕시코	멕시코시티
	미국	워싱턴	과테말라	과테말라
	쿠바	아바나	나카라과	마나과
	도미니카공화국	산토도밍고	온두라스	테구시갈파
	자메이카	킹스턴	파나마	파나마

남아메리카 각 나라의 수도 위치와 이름 알아보기

보기의 나라와 수도 이름을 참고하여 지도에 표시된 점에 알맞은 수도 이름을 쓰세요.

보기

나라	수도	나라	수도
수리남	파라마리보	볼리비아	라파스
가이아나	조지타운	칠레	산티아고
베네수엘라	카라카스	아르헨티나	부에노스아이레스
콜롬비아	보고타	우루과이	몬테비데오
에콰도르	키토	파라과이	아순시온
페루	리마	브라질	브라질리아

오세아니아 각 나라의 수도 위치와 이름 알아보기

보기의 나라와 수도 이름을 참고하여 지도에 표시된 점에 알맞은 수도 이름을 쓰세요.

보기

나라	수도	나라	수도	나라	수도
팔라우	멜레케오크	투발루	푸나푸티	솔로몬	호니아라
미크로네시아	팔리키르	사모아	아피아	파푸아 뉴기니	포트모르즈비
마셜	마주로	통가	누쿠알로파	오스트레일리아	캔버라
키리바시	타라와	피지	수바	뉴질랜드	웰링턴
나우루	야렌	바누아투	포트빌라		

06 나라별 국기 모양과 특징

세계의 모든 나라는 국기를 가지고 있습니다. 국기는 한 나라를 상징할 뿐만 아니라, 국민의 마음을 하나로 모으는 데 중요한 역할을 합니다. 그런데 국기는 나라마다 밟아온 역사와 쌓아온 문화, 그리고 처한 환경에 따라 각각 독특한 모습을 지닙니다. 그럼, 각 나라의 국기는 저마다 어떤 특징이 있는지 살펴볼까요?

act 1 두 가지 색으로 그려진 국기 알아보기

다음 국기들을 보고, 알맞은 말을 □ 안에 쓰세요.

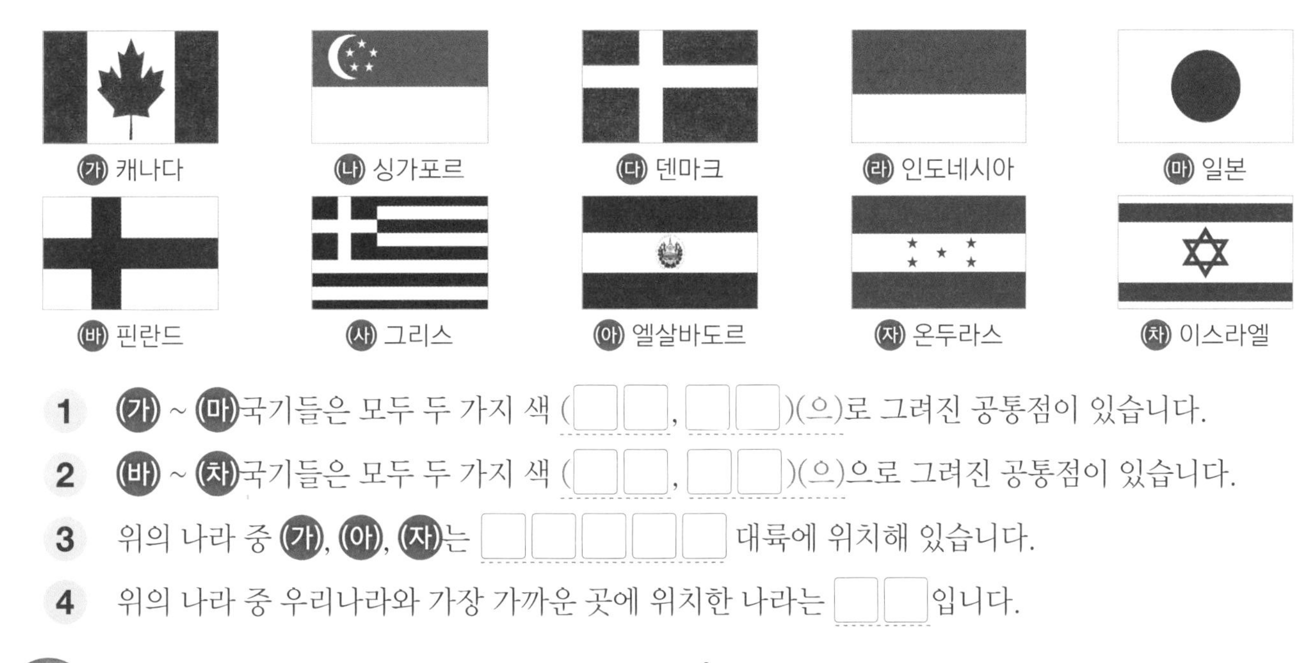

1 ㉮ ~ ㉲국기들은 모두 두 가지 색 (□□, □□)(으)로 그려진 공통점이 있습니다.

2 ㉳ ~ ㉷국기들은 모두 두 가지 색 (□□, □□)(으)으로 그려진 공통점이 있습니다.

3 위의 나라 중 ㉮, ㉵, ㉶는 □□□□□ 대륙에 위치해 있습니다.

4 위의 나라 중 우리나라와 가장 가까운 곳에 위치한 나라는 □□입니다.

act 2 세 가지 색으로 그려진 국기 알아보기

다음 국기들을 보고, 알맞은 말을 □ 안에 쓰세요.

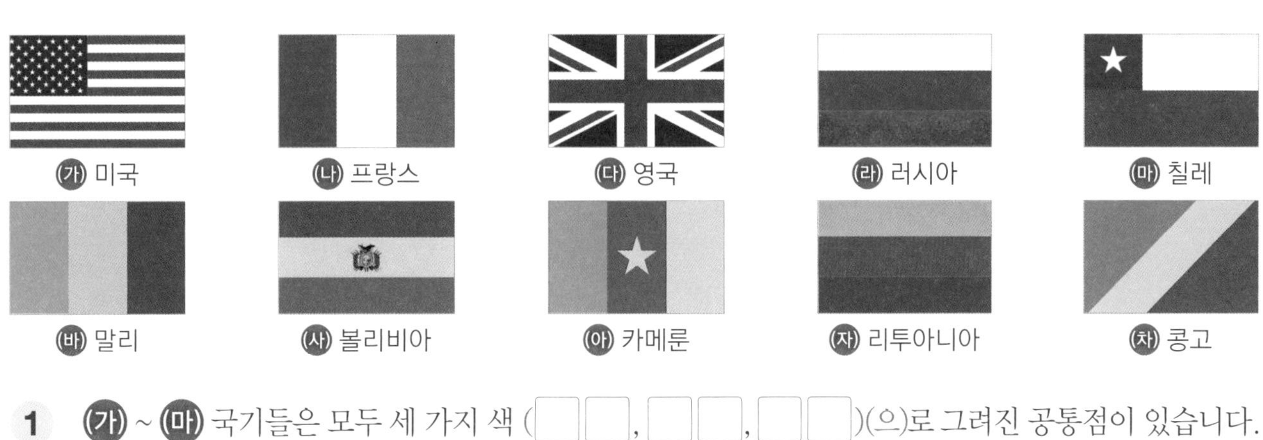

1 ㉮ ~ ㉲ 국기들은 모두 세 가지 색 (□□, □□, □□)(으)로 그려진 공통점이 있습니다.

2 ㉳ ~ ㉷ 국기들은 모두 세 가지 색 (□□, □□, □□)(으)로 그려진 공통점이 있습니다.

3 위의 나라들 중 ㉯, ㉰, ㉱, ㉶는 □□ 대륙에 위치해 있습니다..

act 3 네 가지 색으로 그려진 국기 알아보기

다음 국기들을 보고, 알맞은 말을 □ 안에 쓰세요.

㉮ 시리아 ㉯ 쿠웨이트 ㉰ 이라크 ㉱ 팔레스타인 ㉲ 리비아

㉳ 수단 ㉴ 요르단 ㉵ 아프가니스탄 ㉶ 아랍에미리트 ㉷ 케냐

1 위 국기들에서 공통적으로 쓰인 색은 □□, □□, □□, □□입니다.

2 위 나라들 중 ㉲, ㉳, ㉷는 □□□□ 대륙에 위치해 있고, 나머지 나라들은 □□□ 대륙에 위치해 있습니다.

act 4 비슷한 형태나 같은 모양이 그려진 국기 알아보기

다음 국기들을 보고, 알맞은 말을 □ 안에 쓰세요.

㉮ 러시아 ㉯ 아르메니아 ㉰ 오스트리아 ㉱ 독일 ㉲ 헝가리

㉳ 알제리 ㉴ 터키 ㉵ 말레이시아 ㉶ 튀니지 ㉷ 파키스탄

㉸ 베트남 ㉹ 칠레 ㉺ 모로코 ㉻ 쿠바 (갸) 이스라엘

1 ㉮ ~ ㉲ 국기들은 모두 (가로, 세로) 줄무늬가 그려진 공통점이 있습니다.

2 ㉳ ~ ㉷ 국기들은 □□□ 모양이 그려진 공통점이 있습니다.

3 ㉳ ~ (갸) 국기들은 □ 모양이 그려진 공통점이 있습니다.

잠깐만요

초승달의 의미

이슬람교의 예언자 무함마드가 알라로부터 최초의 계시를 받던 날 밤 하늘에 초승달이 떠 있었는데, 훗날 무슬림들이 초승달을 진리의 시작으로 받아들임으로써 국기에도 사용되었다고 합니다.

국기들의 공통점과 나라의 위치 알아보기 1

다음 지도와 국기를 보고, 알맞은 말을 □ 안에 쓰세요.

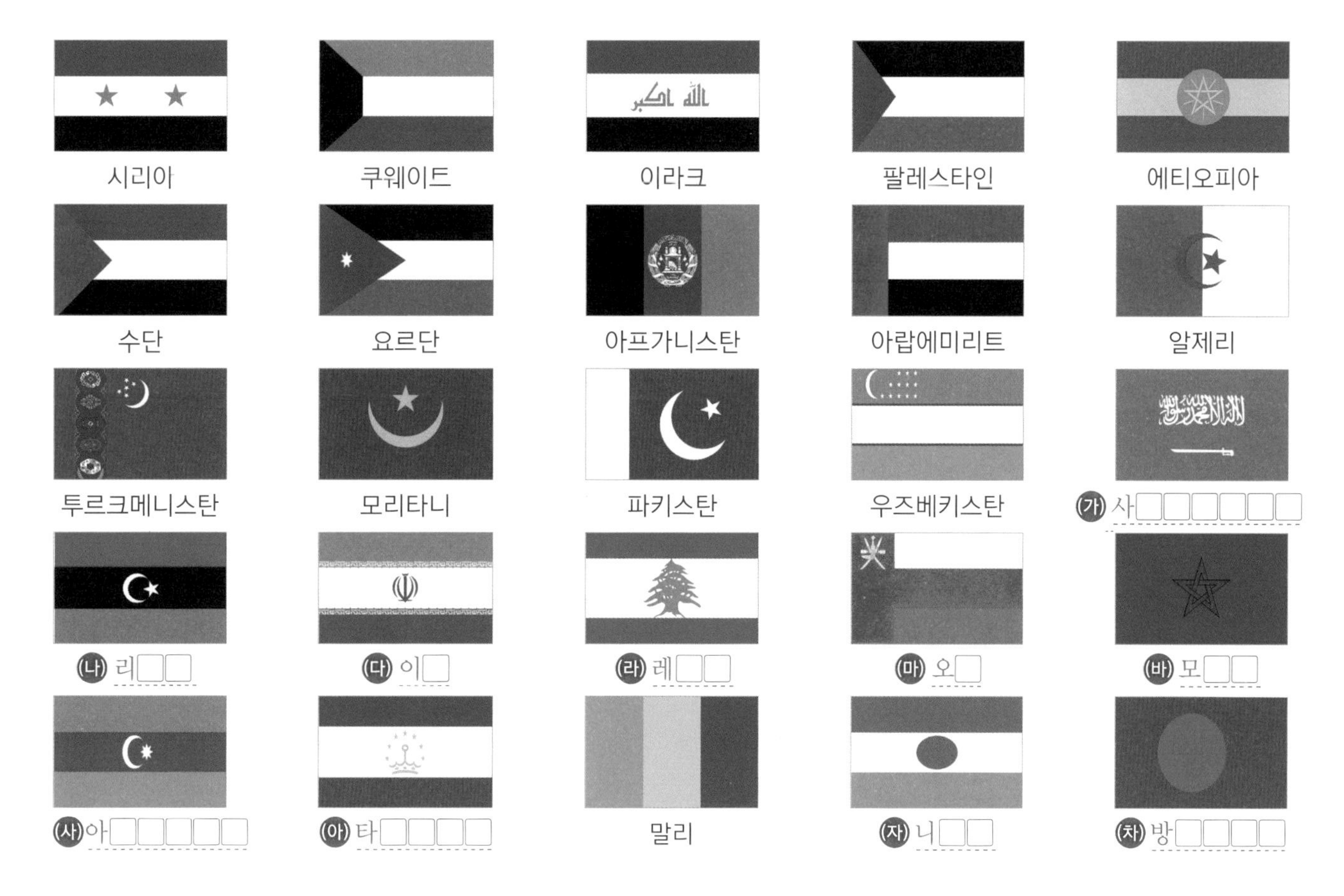

1 위 국기들은 □□색이 나타나는 공통점이 있습니다.

2 아래 지도를 바탕으로 먼저 (가)~(차)는 각각 어느 나라인지 찾아 □ 안에 쓰세요.

3 위의 (가)~(차) 10개 나라를 찾아 지도에 초록색으로 칠하세요.

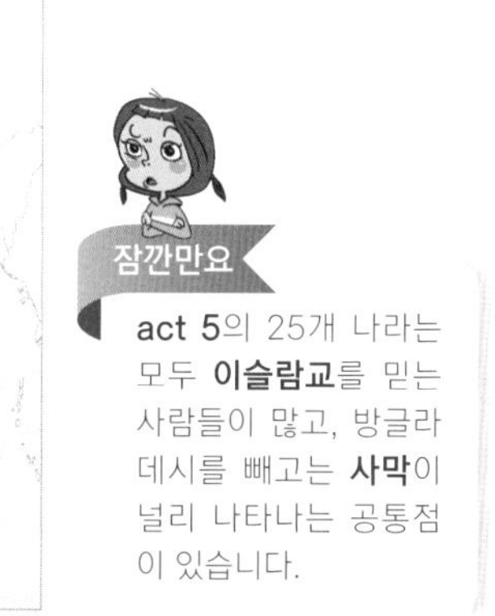

잠깐만요

act 5의 25개 나라는 모두 **이슬람교**를 믿는 사람들이 많고, 방글라데시를 빼고는 **사막**이 널리 나타나는 공통점이 있습니다.

act 6 국기들의 공통점과 나라의 위치 알아보기 2

다음 지도와 국기를 보고, 알맞은 말을 □ 안에 쓰세요.

㉮ 엘살□도르

㉯ 니카□□

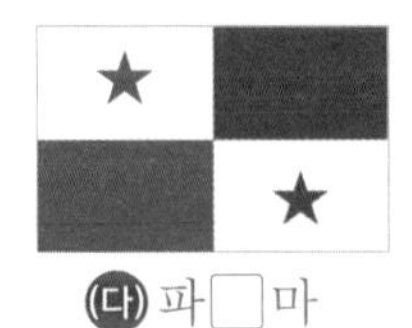
㉰ 파□마

㉱ 온두□스

㉲ □테말□

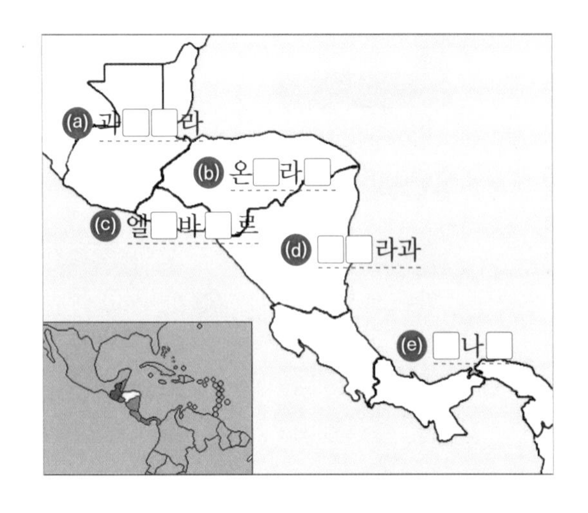

1 ㉮ ~ ㉲의 나라 이름을 왼쪽 지도에 나타난 정보를 참고해서 □ 안에 쓰고, 다섯 나라의 영토를 모두 하늘색으로 칠하세요.

2 위 국기들은 모두 하늘색이 공통적으로 나타나고, 모두 □□□□□ 대륙에 위치한 나라들입니다.

act 7 국기들의 공통점과 나라의 위치 알아보기 3

다음 지도와 국기를 보고, 알맞은 말에 ○표 하거나 □ 안에 쓰세요.

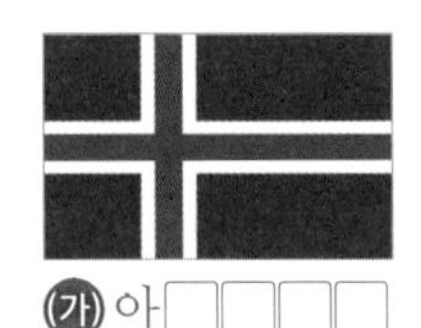
㉮ 아□□□□

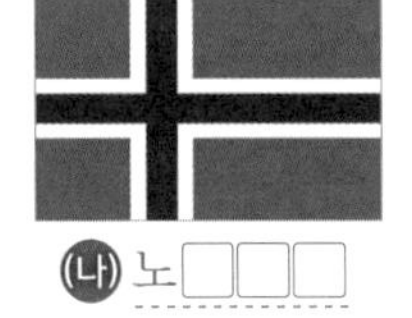
㉯ 노□□□

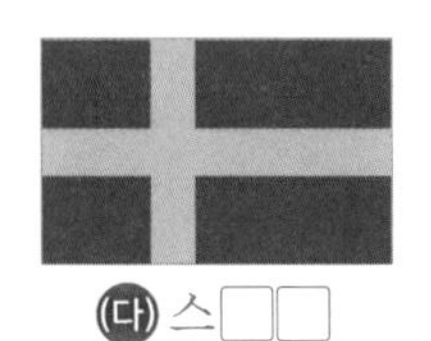
㉰ 스□□

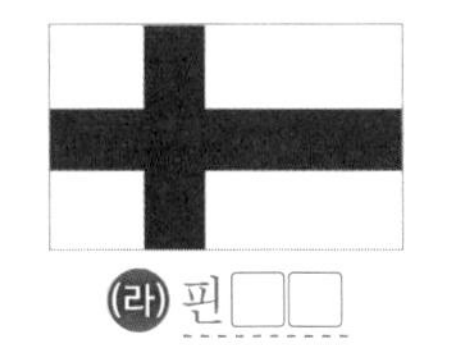
㉱ 핀□□

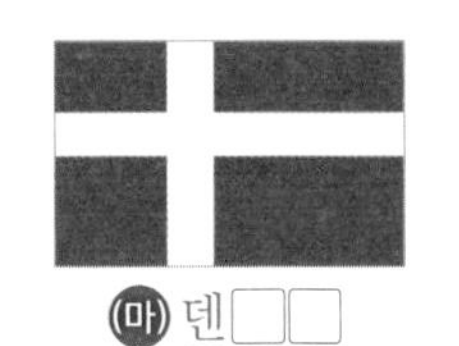
㉲ 덴□□

1 ㉮ ~ ㉲의 나라 이름을 왼쪽 지도에 나타난 정보를 참고해서 □ 안에 쓰고, 다섯 나라의 영토를 모두 **파란색**으로 칠하세요.

2 이처럼 (북, 서, 동, 남) 유럽에 위치한 나라들의 국기에는 모두 □□□ 모양이 그려진 공통점이 있습니다.

잠깐만요

유럽 국가들의 국기를 보면 유독 십자가 무늬가 많은 걸 볼 수 있습니다. 이는 유럽이 중세 이후로 **기독교의 영향**을 많이 받은 지역이기 때문입니다.

지금까지 배운 내용을 정리해 봅시다.

1. 대륙과 대양의 위치 및 모습

① 세계의 모습을 나타내는 대표적인 두 가지 수단은 □□본과 □□ 지도입니다.

② 세계에는 □□□, □□, □□□□, 북□□□□, 남□□□□ □□□□□, 남극 대륙 등 7개의 대륙이 있습니다.

③ 세계에는 □□□, □□□, □□□, □□□, □□□ 등 5개의 대양이 있습니다.

④ 아시아와 유럽 사이의 경계는 □□ 산맥입니다.

⑤ 아시아와 아프리카 사이의 경계는 □□□ 지협입니다.

⑥ 북아메리카와 남아메리카 사이의 경계는 □□□ 지협입니다.

2. 대륙별 주요 나라의 위치 및 영토

① □□□는 세계에서 가장 큰 대륙으로서 인구도 가장 많은 대륙입니다. 여기에는 48개 정도의 나라가 있습니다.

② □□은 세계에서 다섯 번째 크기의 대륙으로서 56개 정도의 나라가 있습니다.

③ □□□□는 세계에서 두 번째로 큰 대륙으로서 54개의 나라가 있습니다.

④ 북□□□□는 세계에서 세 번째로 큰 대륙으로서 23개 정도의 나라가 있습니다.

⑤ 남□□□□는 세계에서 네 번째로 큰 대륙으로서 12개 정도의 나라가 있습니다.

⑥ □□□□□는 세계에서 여섯 번째 크기의 대륙으로서 14개 정도의 나라가 있습니다.

3. 대륙별 각 나라의 수도 위치

① □□란 한 나라의 통치 기관이 있고 정치 활동이 이루어지는 중심지를 말합니다.

4. 나라별 국기 모양과 특징

① ☐☐는 한 나라를 상징하는 깃발로서 국민의 마음을 하나로 묶거나 모으는 데 중요한 역할을 합니다. 그것에는 그 나라의 ☐사와 ☐화, 그리고 ☐경 특성이 담겨있습니다.

② 북유럽 국가들의 국기에는 공통적으로 ☐☐가가 그려져 있습니다.

③ 이슬람 국가들의 국기에는 공통적으로 ☐☐색이 나타나 있고, 그 중에서도 많은 국가의 국기에는 ☐☐달 모양이 들어있기도 합니다.

④ 중앙아메리카 국가들의 국기에는 공통적으로 ☐☐색이 나타납니다.

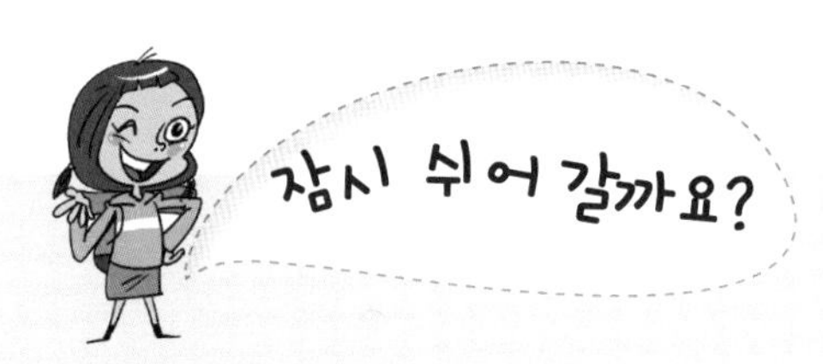

내 땅 안에 네 땅, 네 땅 안에 다시 내 땅이 있는 나라!

어떤 국가의 영토가 반드시 한 덩어리로만 되어 있을까요? 내 책상이 나의 영토라고 가정해 봅시다. 그런데 내 책상에 옆 짝꿍이 맘대로 쓸 수 있는 부분이 있다면 어떻겠습니까? 참 복잡하겠지요? 그런데 지구상에는 실제로 그런 땅이 존재합니다. 유럽의 네덜란드와 벨기에가 바로 그 기막힌 나라의 주인공입니다〈**그림 1**〉.

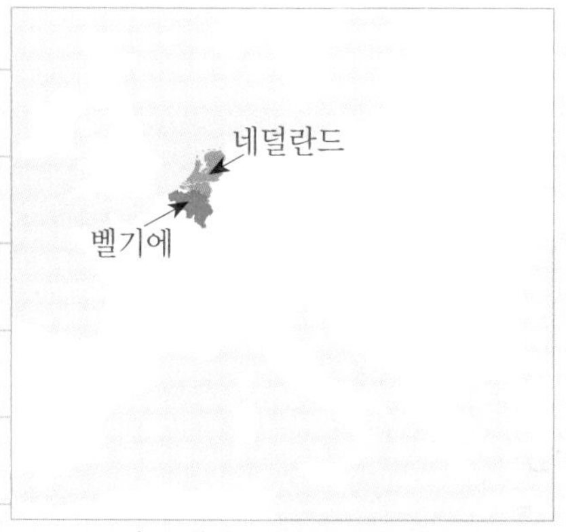

〈**그림 1.** 네덜란드와 벨기에의 위치〉

두 나라의 국경 근처에는 이 세상에서 가장 재미있는 영토 모양이 있답니다. 문제의 장소는 바로 〈**그림 2**〉에 표시된 바를러(Baarle)라는 곳입니다. 일단 바를러는 네덜란드 땅 안에 있는 벨기에 영토라는 것을 알 수 있습니다. 그러니까 벨기에의 영토 한 조각이 따로 떨어져 네덜란드 땅에 자리 잡고 있는 모습이지요.

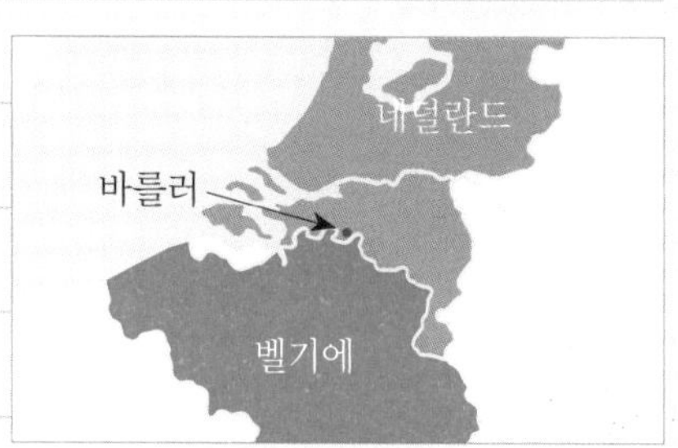

〈**그림 2.** 바를러의 위치〉

그런데 바를러 시를 자세히 확대해보면 〈**그림 3**〉에서처럼 더욱 흥미로운 점을 발견할 수 있습니다. 〈**그림 3**〉에서 연한 살색은 네덜란드 땅이고, 노랑은 벨기에 땅입니다. 곧, H는 벨기에, N은 네덜란드 땅을 나타내지요. 예를 들면 H1은 네덜란드 땅으로 둘러싸여 있는 벨기에 영토입니다. 그렇지만 N1은 다시 벨기에 땅으로 둘러싸인 네덜란드 영토라는 것을 나타냅니다.

마치 내 책상 위에 옆 짝꿍 땅이 있고, 그 땅 속에 다시 또 내 땅이 자리 잡고 있는 셈입니다. 이렇게 네덜란드 땅 안에는 벨기에 땅이 무려 22군데나 흩어져 있다는군요. 여기서 바를러의 네덜란드 쪽은 바를러나사우(Baarle-Nassau), 벨기에 쪽은 바를러헤르토흐(Baarle-Hertog)라고 서로 다르게 부른답니다.

〈**그림 3.** 바를러 내 네덜란드와 벨기에의 영토 분포 모습〉

〈**사진 1.** 벨기에와 네덜란드 두 나라에 속한 건물〉

이렇다 보니 한 건물이 두 나라에 걸쳐 있는 경우도 생기게 됩니다. **〈사진 1〉**의 경우가 그것인데, 건물의 왼쪽은 벨기에, 오른쪽은 네덜란드에 속하고 그 사이에 +++ 모양의 국경선이 그어져 있는 것을 알 수 있습니다.

그렇다면 이런 건물은 어느 나라에 속한다고 보아야할까요? 네덜란드? 벨기에? 만일 우리 집이 이런 상황이라면 어떻게 하지요? 무엇을 기준으로 국적을 정해야 할까요? 이런 집은 대문을 기준으로 국적을 정한답니다. 그리고 이러한 기준은 식당이나 각종 시설물의 경우에도 마찬가지라는 군요.

한때 네덜란드 식당이 법률에 따라 벨기에 식당보다 더 일찍 문을 닫아야 했던 적이 있었는데, 국경에 걸쳐 있는 식당의 경우 그 시간이 되면 손님들이 벨기에 쪽으로 자리를 옮기기만 하면 됐다는군요(**사진 2**). 재미있었겠지요? 두 나라의 국경을 넘나들면서 먹는 식사는 얼마나 맛있었을까요?

〈사진 2〉에서도 +표시는 국경을 나타내는데, NL은 네덜란드, B는 벨기에 영토입니다. 혹시 유럽을 여행하게 되면 이곳 바를러 시를 꼭 한번 방문해보세요! 이처럼 영토가 인간 생활에 미치는 힘은 실로 엄청납니다.

〈**사진 2.** 네덜란드와 벨기에에 걸쳐 있는 식당 모습〉

둘

세계의 다양한 지형 환경

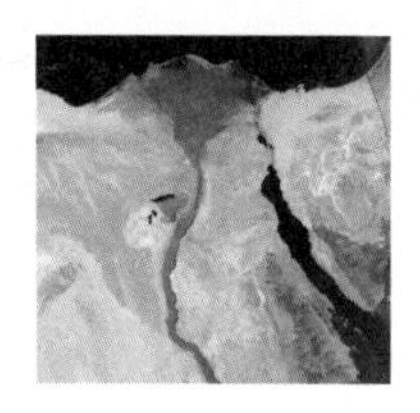
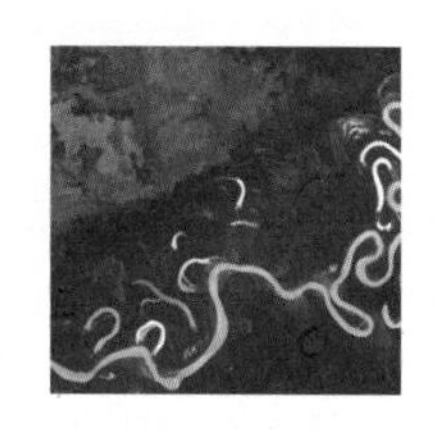

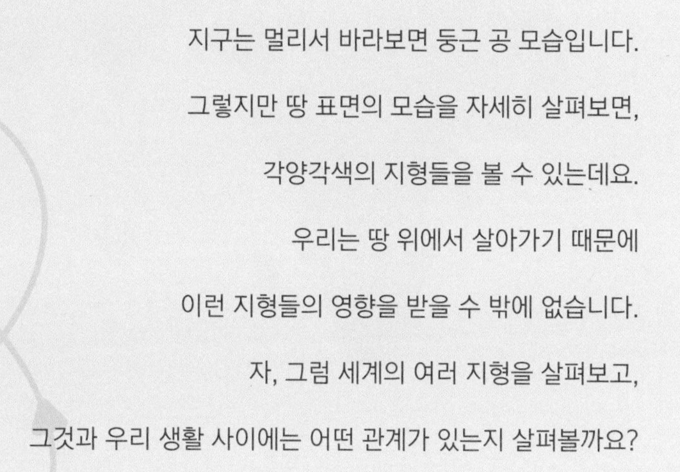

지구는 멀리서 바라보면 둥근 공 모습입니다.

그렇지만 땅 표면의 모습을 자세히 살펴보면,

각양각색의 지형들을 볼 수 있는데요.

우리는 땅 위에서 살아가기 때문에

이런 지형들의 영향을 받을 수 밖에 없습니다.

자, 그럼 세계의 여러 지형을 살펴보고,

그것과 우리 생활 사이에는 어떤 관계가 있는지 살펴볼까요?

07 세계의 대지형

세계에는 다양한 모습의 지형이 존재합니다. 그 중에서도 마치 사람의 뼈와 같이 세계의 큰 골격을 이루는 지형들이 있습니다. 만, 반도, 강, 호수, 산맥 등이 그것입니다. 그럼, 세계의 주요 대지형의 위치와 인간생활 사이의 관계를 살펴봅시다.

act 1 세계의 주요 바다 알아보기

지도를 보고, 물음에 맞는 활동을 하거나 알맞은 말을 □ 안에 쓰세요.

1 위 지도를 보면 큰 바다를 □(洋, ocean), 육지나 섬이 가로막아 큰 바다와 떨어져 있는 작은 바다를 □(海, sea), 육지 쪽으로 깊숙이 파고들어 온 바다를 □(灣, gulf나 bay)이라고 구분한다는 것을 알 수 있습니다.

2 Ⓐ ~ Ⓒ 바다의 이름과 위치를 알아봅시다.

	바다 이름	바다 위치
①	Ⓐ : □□양	□□□ 대륙의 동쪽, 아메리카 대륙의 □쪽
②	Ⓑ : □□양	아시아 대륙의 □쪽, □□□□ 대륙의 동쪽, □□□□□ 대륙의 □쪽
③	Ⓒ : □□양	□□ 대륙의 □쪽, 아메리카 대륙의 □쪽, □□□□ 대륙의 □쪽

3 '□□□(地中海)'는 북으로는 □□, 동으로는 □□□, 남으로는 □□□ □ 대륙으로 둘러싸여 있습니다. 그래서 말 그대로 '땅 (한가운데, 밖에) 있는 바다'라는 뜻입니다.

4 이름에 색깔이 들어간 바다 네 곳을 지도에서 찾아 □ 안에 쓰세요.

① □□는 북극해에 가까워 겨울 동안 '하얀' 얼음으로 덮여 있다.

② □□는 산소가 부족한 층에 살아가는 박테리아가 죽어 물이 '검다'.

③ □□는 '붉은'색을 띠는 동물성 플랑크톤 때문에 적조 현상이 자주 일어난다.

④ □□는 중국의 황허 강이 실어오는 '누런' 황토 때문에 붙여진 이름이다.

5 북아메리카와 남아메리카 사이에 있는 두 개의 큰 바다로는 □□□ 만과 □□□ 해가 있습니다. 이 중 남쪽에 있는 바다는 대항해 시대에 유럽과 아메리카를 이어주는 해상 교통의 요충지였던 까닭에 해적 활동의 주요 무대가 되기도 하였습니다.

act 2 세계의 주요 지협과 해협 알아보기

지도는 세계의 주요 지협과 해협을 표시한 것입니다. 물음에 맞는 활동을 하거나 □ 안에 알맞은 말을 쓰세요.

1 위 지도를 보면 □□(海峽)이란 육지 사이에 끼여 있는 좁고 긴 바다를, □□(地峽)이란 두 개의 육지를 연결하는 좁고 잘록한 땅을 말한다는 것을 알 수 있습니다.

2 다음 설명에 해당하는 해협을 찾아 지도에 직접 ○ 표시하고 □ 안에 이름을 쓰세요.

① 대서양과 지중해를 연결하는 길목에 위치하는 해협입니다. □□□□ 해협

② 태평양과 인도양을 연결하는 길목에 위치하는 해협입니다. □라□ 해협

③ 최초의 지구 일주 항해가가 발견하였는데(1520년), 악천후로 이 해협을 빠져나오는 데 36일이 걸렸으며 대양으로 나오게 되자 넓고 평온해서 그 대양을 태평양(太平洋, el Pacifico)이라 부르게 되었습니다. 대서양과 태평양을 연결하는 이 해협은 □□□ 해협입니다.

잠깐만요

마젤란은 포르투갈 출신의 **항해가이자 탐험가**입니다. 그는 역사적으로 **대서양과 태평양을 횡단한 최초의 인물**로 기록되어 있는데요. 1519년 에스파냐의 산루칼 항을 출발한 그는 대서양을 횡단한 후 남아메리카 대서양쪽 해안을 따라 남쪽 끝까지 내려갑니다. 그리고 그 끝에서 좁은 해협을 빠져나가자 큰 바다를 만나게 되는데 바로 태평양이었습니다.

잠깐만요

쿡은 **영국의 탐험가이자 항해가**. 지도제작사입니다. 쿡은 태평양을 세 번 항해하면서 **호주의 동해안과 화와이 제도를 발견**했으며, **뉴질랜드 해도를 제작**했습니다. 쿡의 탐험으로 세계의 모든 지역이 유럽인들에게 알려지게 되었습니다.

3 만일 북극 항로가 개발된다면 우리나라 배가 영국 런던까지 이동하기 위해서는 ☐☐ 해협을 반드시 통과해야 합니다.

4 쿠웨이트에서 원유를 실은 유조선이 우리나라까지 오는 가장 짧은 길을 지도에 선으로 대략 표시하세요. 이 유조선은 ☐☐☐☐ 해협, ☐☐☐ 해협, ☐☐☐ 해협을 통과해야 합니다.

5 영국의 탐험가로서 대항해 시대의 끝을 장식한 인물의 이름을 딴 ☐ 해협은 뉴질랜드의 북섬과 남섬 사이에 위치합니다.

세계의 주요 지협과 해협의 중요성 알아보기

앞의 act 2의 지도를 바탕으로 물음에 답하세요.

1 세계 원유의 40%가 ① □□□□ 해협을, 세계 무역량의 40%가 ② □□□ 해협을 통과합니다. 우리나라가 수입하는 원유의 99%는 이 해협들을 지나야 합니다. 이처럼 해협은 ③ □□(海上) 교통의 중요한 길목이기 때문에 각 나라는 그곳을 지키거나 차지하려고 많은 노력을 합니다.

2 지도에서 서울을 출발해서 쿠웨이트까지 가는 가장 빠른 뱃길을 선으로 표시해보세요.

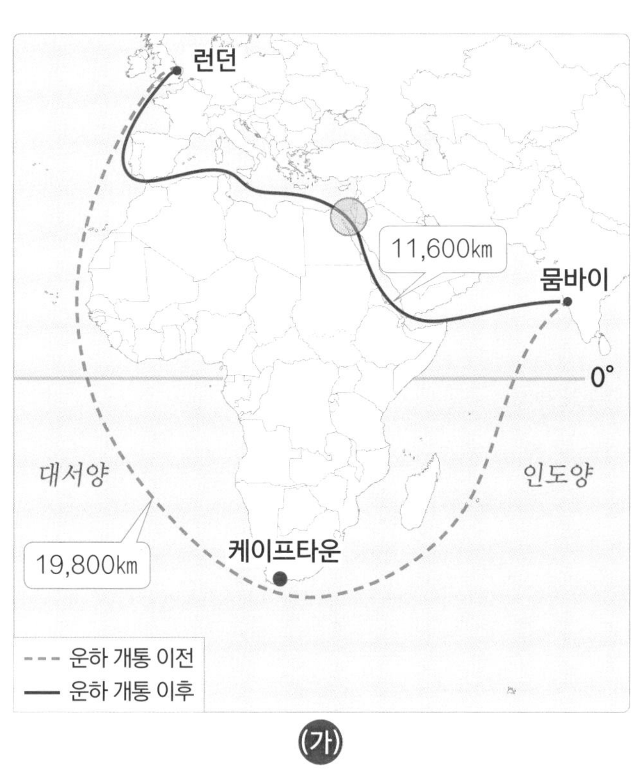

(가)

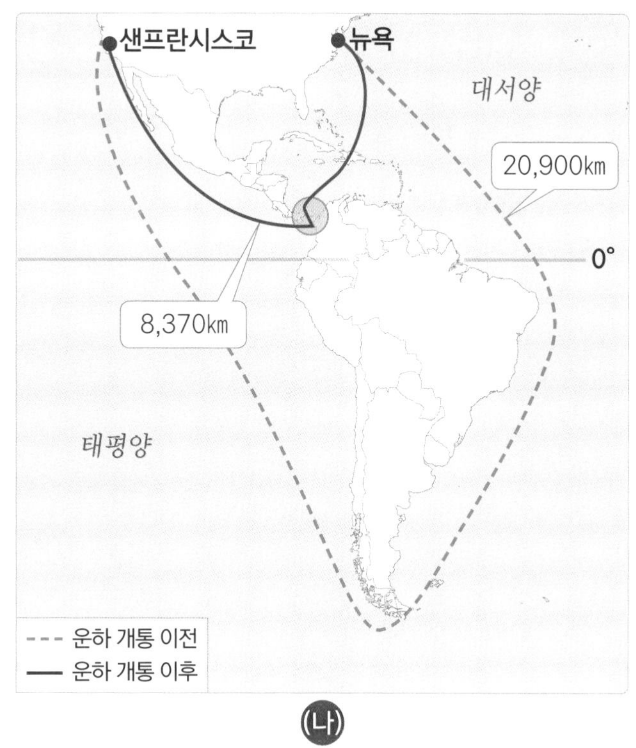

(나)

3 **운하**란 육지에 파 놓은 물길을 말합니다. 지도를 바탕으로 알맞은 말을 □ 안에 쓰세요.

① (가) 지도에서 '운하 개통 이전'의 점선을 따라 **진하게** 표시하세요.

② 운하 개통 이전에 뱃길로 런던 ↔ 뭄바이 사이를 왕복할 경우, □□□□ 대륙을 돌아 적도를 □번이나 지나야 했습니다.

③ □□□ 지협에 운하가 개통되면서 뱃길은 □,□00km나 줄어들었습니다.

④ (나) 지도에서 '운하 개통 이전'의 점선을 따라 진하게 표시하세요.

⑤ 운하 개통 이전에 뱃길로 샌프란시스코 ↔ 뉴욕 사이를 왕복할 경우, □□□□□ 대륙을 돌아 적도를 □번이나 지나야 했습니다.

⑥ □□□ 지협에 운하가 개통되면서 뱃길은 무려 □□,530km나 줄어들었습니다.

잠깐만요

수에즈 운하와 파나마 운하

수에즈 운하는 지중해와 홍해를 잇는 192km의 운하로 1869년 11월 17일에 개통되었습니다. 수에즈 운하는 이집트에서 관리하지만 국제적인 중립지대로서 이집트가 독자적으로 폐쇄나 운항 정지 등의 조치를 취할 수는 없습니다.

파나마 운하는 태평양과 대서양을 잇는 82km의 운하로 1914년 8월 15일에 완공되었습니다. 처음에는 미국의 소유였으나 1999년 파나마 정부로 소유권이 이전되었습니다. 파나마 운하가 완공되기까지 많은 어려움이 있었는데요. 각종 풍토병과 안전 사고로 노동자 27,500명이 사망했다고 합니다.

〈파나마 운하〉

act 4 세계의 주요 섬과 반도 알아보기

지도 (가), (나)를 보고, 물음에 알맞은 말에 ○표하거나 □ 안에 쓰세요.

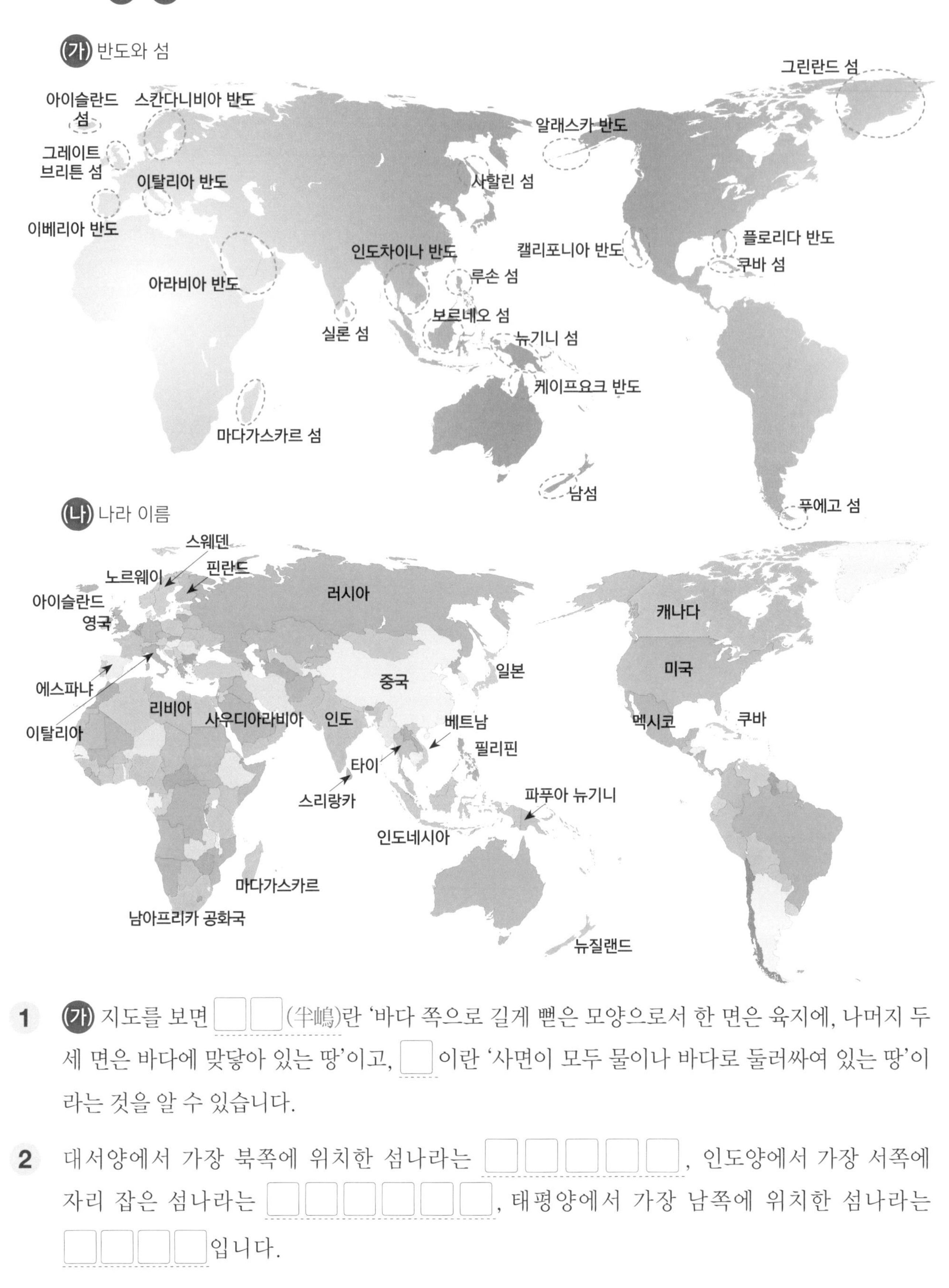

1 (가) 지도를 보면 □□(半島)란 '바다 쪽으로 길게 뻗은 모양으로서 한 면은 육지에, 나머지 두 세 면은 바다에 맞닿아 있는 땅'이고, □이란 '사면이 모두 물이나 바다로 둘러싸여 있는 땅'이라는 것을 알 수 있습니다.

2 대서양에서 가장 북쪽에 위치한 섬나라는 □□□□□, 인도양에서 가장 서쪽에 자리 잡은 섬나라는 □□□□□□, 태평양에서 가장 남쪽에 위치한 섬나라는 □□□□입니다.

3 스칸디나비아 반도에 위치한 세 나라는 □□□□, □□□, □□□입니다.

4 사할린 섬은 □□□의 영토, 알래스카 반도와 이어지는 알류산 섬들은 □□ 영토, 캘리포니아 반도는 (멕시코, 미국)의 영토입니다.

5 뉴기니 섬의 서쪽은 □□□□□, 동쪽은 □□□□□□가 차지하고 있습니다.

6 노르웨이, 에스파냐, 이탈리아, 우리나라를 찾아 지도에 직접 ○표 하세요. 이들 나라는 모두 □□라는 공통점이 있어 육지와 바다로 진출하기 유리하다는 장점을 지닙니다.

7 서로 관계 깊은 섬이나 나라 이름을 □ 안에 쓰세요.

	섬 이름	나라 이름
①	그레이트브리튼	□□
②	□□	스리랑카
③	루손	□□□
④	□□	쿠바

8 에스파냐는 □□□□ 반도에, 타이와 베트남은 □□□□□ 반도에 위치합니다.

9 다음 보기에서 나라를 찾아 지도에 직접 ○표 하세요. 이들은 모두 □ 나라라는 공통점이 있습니다.

보기 아이슬란드, 영국, 마다가스카르, 스리랑카, 인도네시아, 필리핀, 뉴질랜드, 쿠바

10 '한 무리를 이루고 있는 여러 섬'을 군도(群島) 또는 제도(諸島)라고 합니다. 군도 중에서도 '한 줄로 길게 늘어선 여러 섬'을 열도(列島)라고 합니다. 그렇다면 아래 지도의 ①, ②에 들어갈 알맞은 말에 ○표 하세요.

① 갈라파고스 (군도, 열도)

② 알류산 (군도, 열도)

잠깐만요

갈라파고스 제도는 남아메리카 서쪽으로부터 약 1,000km 떨어진 적도 부근의 태평양에 위치한 섬 무리입니다. **알류산 열도**는 알래스카 반도의 끝에서 러시아의 캄차카 반도 사이 약 1,930km에 걸쳐 늘어선 화산 섬들을 가리킵니다.

act 5 세계의 주요 강 알아보기

지도를 보고, 물음에 알맞은 말에 ○표 하거나 □ 안에 쓰세요.

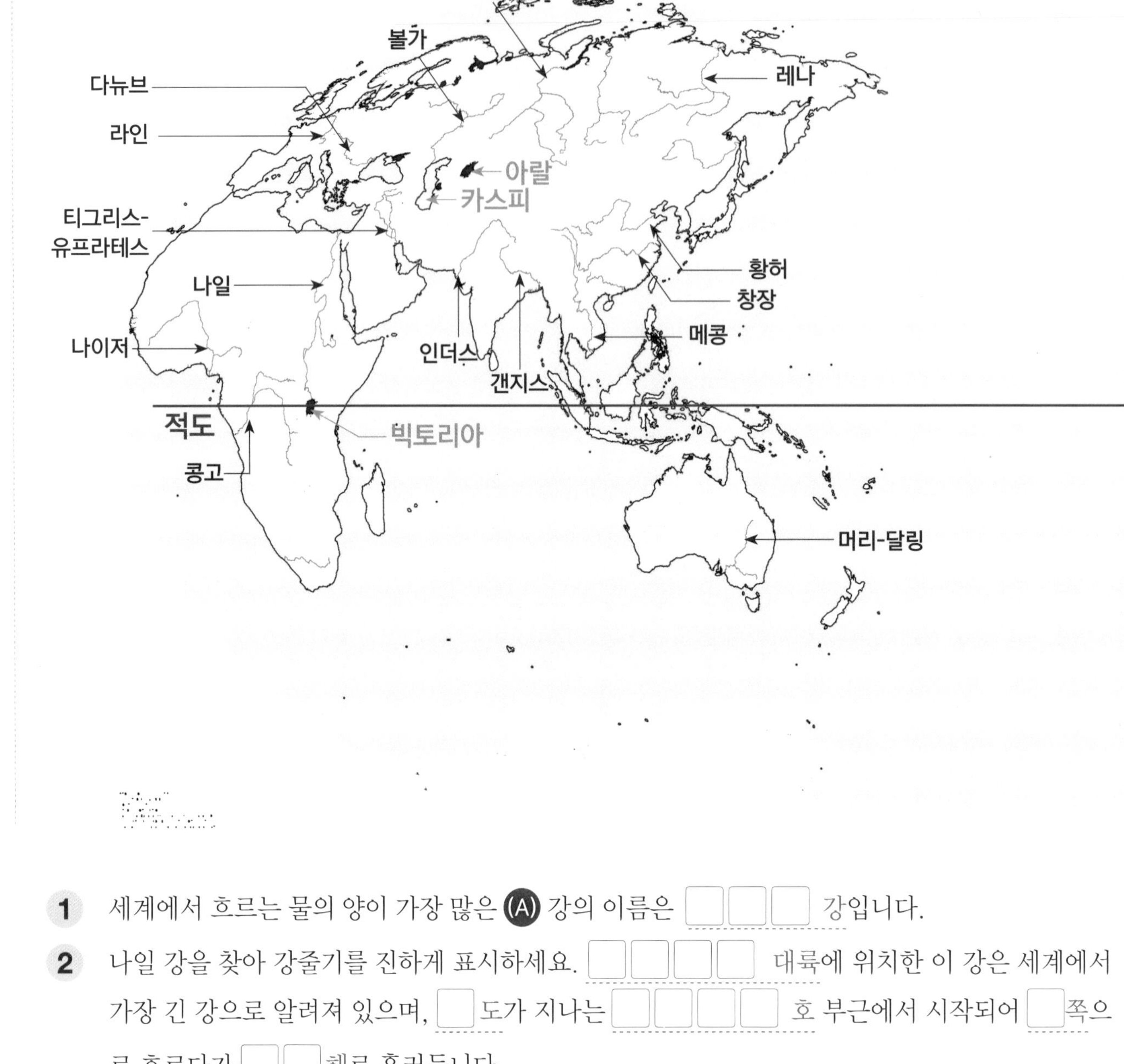

1 세계에서 흐르는 물의 양이 가장 많은 Ⓐ 강의 이름은 □□□ 강입니다.

2 나일 강을 찾아 강줄기를 진하게 표시하세요. □□□□ 대륙에 위치한 이 강은 세계에서 가장 긴 강으로 알려져 있으며, □도가 지나는 □□□□ 호 부근에서 시작되어 □쪽으로 흐르다가 □□해로 흘러듭니다.

3 다음의 바다로 흘러들어가는 강 이름을 찾아 쓰세요.

① 북극해 : □□□□ 강, □□ 강, □□□ 강

② 대서양 : □□ 강, □□□ 강, □□ 강, □□□□ 강, □□□□□ 강, □□□ 강, □□□ 강

③ 인도양 : □□□□-□□□□□ 강, □□□ 강, □□□ 강, □□-□□ 강

④ 태평양: □□ 강, □□ 강, □□ 강

4 다음 지도는 세계 4대 문명의 발상지를 나타내고 있습니다. 이 지역과 관계 깊은 강의 이름을 □ 안에 쓰세요.

① □□□□-□□□□□ 강
② □□ 강
③ □□□ 강
④ □□ 강

이처럼 인류의 문명은 큰 강을 중심으로 발달하기 시작하였습니다.

5 러시아의 강들은 주로 □ 쪽으로, 중국의 강들은 □ 쪽으로, 미국의 강들은 □ 쪽으로 흐르는 경우가 많습니다.

잠깐만요

세계 4대 문명

기원전 4,000년~3,000년 사이에 4개의 큰 강 유역에서 발달한 인류 최초의 문명을 **세계 4대 문명**이라고 합니다. **나일 강 유역**의 **이집트 문명**, **티그리스-유프라테스 강 유역**의 **메소포타미아 문명**, 인도의 **인더스 강 유역**의 **인더스 문명**, 그리고 **중국 황허 유역**의 **황허 문명**이 있습니다.
이렇게 큰 강 유역에서 문명이 발생하고 발달하게 된 것은 물길을 이용한 교통이 편리하고, 농업과 일상 생활에 필요한 물을 확보하기 쉽기 때문이었습니다.

<이집트 문명의 스핑크스와 피라미드>

6 ① 지도에서 (가)의 강 이름은 ☐☐ 강입니다. 강줄기를 따라 그려보세요.

② 이 강은 ☐☐, ☐☐☐, ☐☐☐, ☐☐, ☐☐☐☐, ☐☐☐ 등 ☐개 나라의 땅이나 국경을 지나면서 흐릅니다.

이처럼 두 나라 이상의 국경을 이루거나 여러 나라를 거쳐서 흐르는 강을 '국제 하천(國際河川, international river)'이라고 부릅니다.

7 다음은 어떤 호수의 모습이 변화된 과정을 보여주고 있습니다. 이 호수는 카스피 해 바로 '동쪽'에 위치하고 있는 ☐☐ 해로서 호수 면적이 점차 (늘, 줄)어 들고 있다는 점을 알 수 있습니다. 그 까닭은 목화 농사를 짓기 위해 호수로 흘러드는 강물을 지나치게 많이 이용해 왔기 때문입니다.

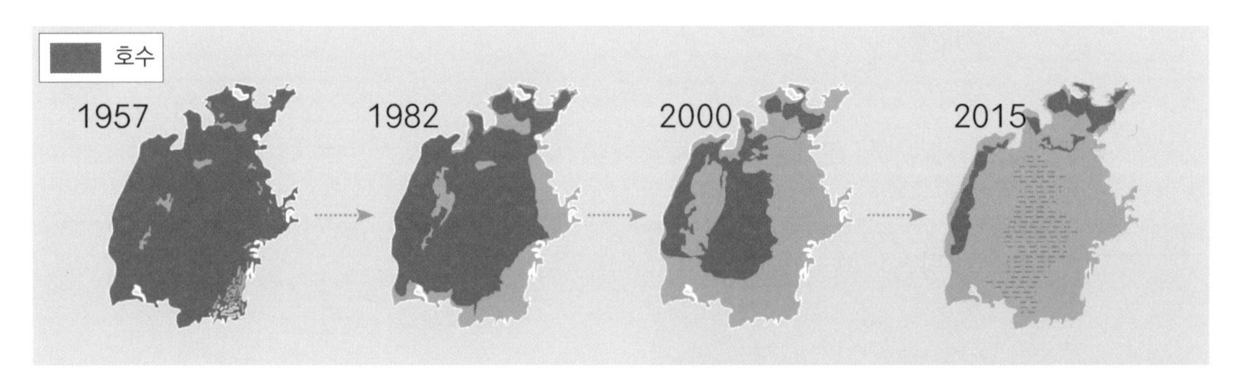

8 옆 위성사진에 나타난 호수의 이름은 무엇일지 앞의 지도(57쪽)를 바탕으로 추리해 보세요.

☐☐ 호

잠깐만요

세계 강의 길이

강의 길이는 강이 시작되는 곳에서 바다와 만나는 곳까지의 길이를 재야 하는데, 위치에 대한 해석이 분분하기 때문에 정확하게 길이를 측정하기 어렵습니다. 그래서 대략적으로 길이를 추정하는데, 강의 길이에 따라 순위를 매기면 **아마존 강, 나일 강, 창장 강(양쯔 강), 미시시피-미주리 강 순**입니다.

세계의 주요 산맥과 고원, 평원과 분지 알아보기

1 자음을 바탕으로 ① ~ ⑮의 이름을 보기에서 찾아 지도에 직접 쓰세요.

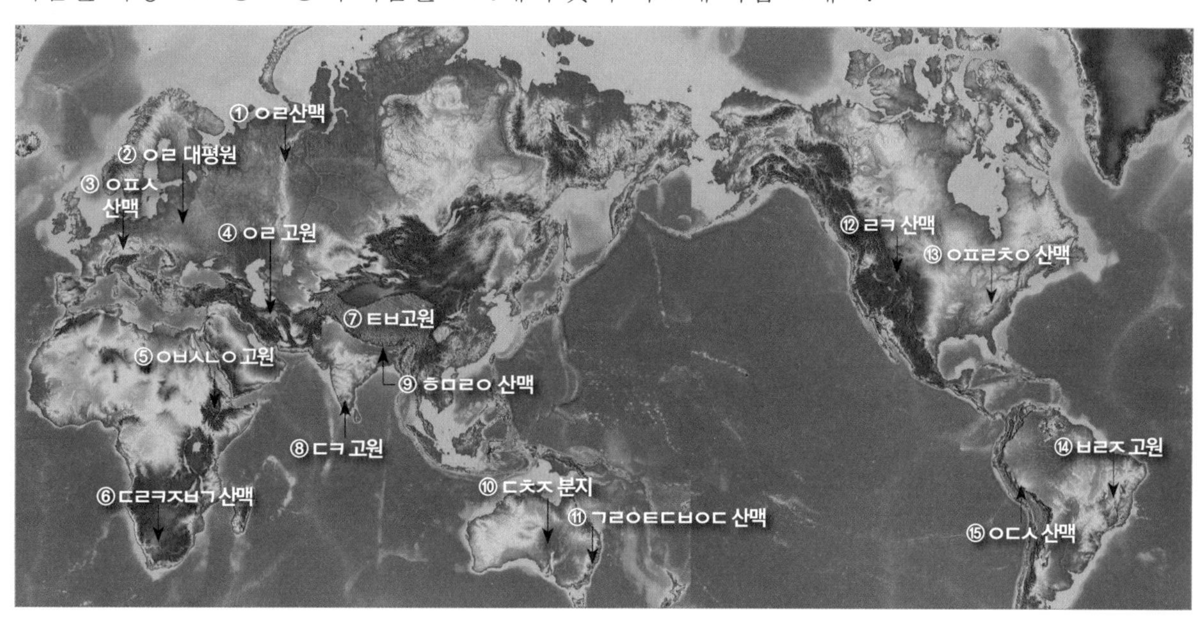

보기

그레이트디바이딩, 대찬정, 데칸, 드라켄즈버그, 로키, 브라질, 아비시니아, 안데스, 알프스, 애팔래치아, 우랄, 유럽, 이란, 티베트, 히말라야

2 위 지도를 바탕으로 ① ~ ⑦의 산맥 이름과 특징을 추리해보세요.

위의 ① □□□, ② □□□□, ③ □□, ④ □□□ 산맥은 모두 신생대에 만들어진 산맥들로서 침식 작용을 덜 받아 (낮, 높)고 (완만, 험준)합니다.

위의 ⑤ □□, ⑥ □□□□□□□□, ⑦ □□□□□ 산맥은 모두 고생대에 만들어진 산맥들로서 침식 작용을 오래 받아 비교적 (낮, 높)고 (완만, 험준)합니다.

세계의 주요 지역 알아보기

지도는 세계 주요 지역의 이름을 나타냅니다. 알맞은 말을 □ 안에 쓰거나 ○표 하세요.

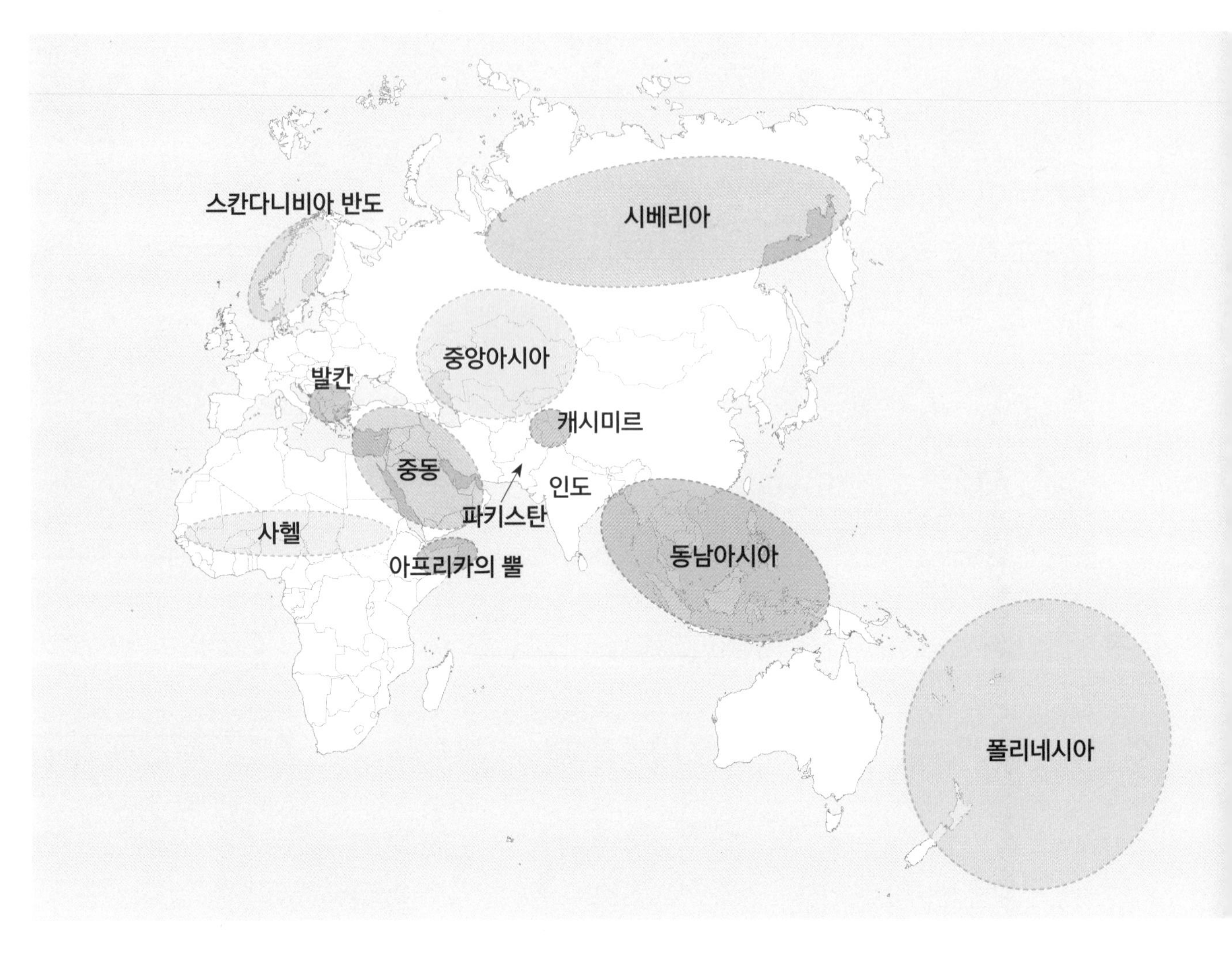

1 다음 자료와 관계 깊은 지역을 찾아 지도에 빗금을 칠하고, 이름을 쓰세요.

① 에티오피아·소말리아·지부티가 자리 잡고 있는 아프리카 북동부 지역으로서 마치 코뿔소의 뿔과 같이 인도양으로 튀어나온 모습에서 유래한 이름입니다. 인도양과 홍해를 감시하는 길목으로서 강대국들의 관심과 다툼이 매우 많은 곳입니다. □□□□□ □

② 아프리카 사하라 사막 남쪽 가장자리 지역으로서 아랍 어로 '변두리'라는 뜻을 지니고 있습니다. 동서 길이가 대략 6,400㎞에 달하며, 기후 변화와 지나친 가축 사육으로 사막화가 널리 진행되면서 세계적인 관심을 받고 있는 곳입니다. □□ 지대

③ 중앙아메리카 서쪽에 있는 700개 이상의 섬과 암초로 이루어져 있는 지역으로 카리브(Carib)라는 종족 이름에서 유래하였습니다. 이곳의 히스파니올라 섬(오늘날의 아이티 공화국)은 콜럼버스가 1492년 12월 5일에 맨 먼저 착륙한 곳으로 유명합니다. □□□

2 다음과 같은 특성을 지닌 지역을 지도에서 찾아 이름을 쓰세요.

① 유럽 남부, 지중해 동부에 돌출한 반도로서 1차 세계 대전이 시작된 지역 : □□

② 아시아 남서부와 아프리카 북동부의 땅으로서 이슬람교가 우세한 지역 : □□

③ 러시아의 우랄 산맥에서 태평양 연안에 이르는 북아시아 지역 : □□□□

④ 아시아 대륙 중서부의 광대한 건조 지역 : □□□□□

⑤ 캐나다 북부에 위치한 이누이트 원주민들의 자치 지역 : □□□□

⑥ 북아메리카 대륙 중앙에 남북으로 길게 뻗어 있는 대평원 : □□□□□□□□

⑦ 인도와 중국, 파키스탄의 경계에 있는 산악 지대로서 세 나라 사이의 분쟁 지역 : □□□□

⑧ 오세아니아 동쪽 바다에 분포하는 수천 개 섬들을 모두 묶은 지역 : □□□□□

⑨ 세계에서 가장 넓고, 가장 다양한 생물이 사는 열대 우림으로서 지구의 허파로 불리는 지역 : □□□

⑩ 남아메리카 대륙의 남위 38°선 이남 지역의 높고 평탄한 땅으로서 서부는 칠레, 동부는 아르헨티나가 차지하고 있는 지역 : □□□□□

08 세계의 빙하 지형

지형은 오랜 세월에 걸쳐 물, 빙하, 바람 등의 침식, 운반, 퇴적 작용에 의하여 만들어지고 달라집니다. 특히 빙하는 엄청난 두께와 무게로 독특하고 특이한 지형을 만들어냅니다. 그럼, 먼저 빙하가 만든 지형과 빙하의 특성을 간단히 살펴볼까요?

act 1 빙하가 만드는 지형

다음 자료들을 보고, 활동하거나 알맞은 말을 □ 안에 쓰세요.

(가) 송네 피오르(fjord)

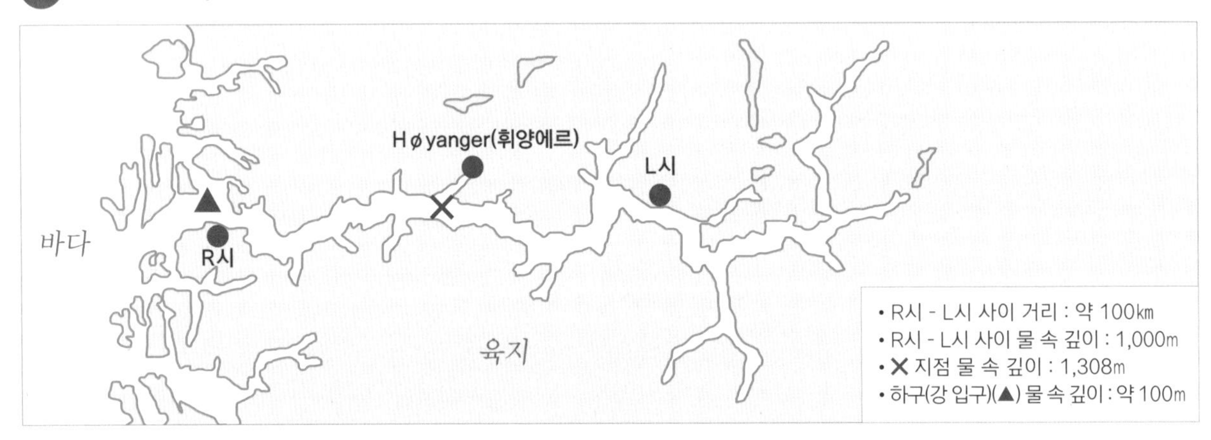

1. 지도 (가)의 바다 부분을 모두 파란색으로 색칠하세요.

2. 여기는 북유럽의 송네라는 곳입니다. 이곳 해안선의 모습을 살펴보면, 폭은 좁지만 길이는 매우 (짧은, 긴) 형태로 육지 깊숙이까지 들어가 있는 만(灣)을 이루는 것이 특징입니다. 이런 형태의 만을 '피□□'라고 합니다.

3. 이 만은 육지 깊숙이까지 무려 205km나 들어가 있습니다. 이 만의 하구 수심(▲)은 약 □□□m 밖에 안 되지만, 내륙 쪽으로 갈수록 오히려 점점 더 (얕아, 깊어)지는 특징이 있습니다. 그래서 Høyanger(휘양에르)라는 곳(✕)에서는 수심이 무려 □, □□□m나 됩니다.

(나)

4. 사진 (나)는 송네 피오르의 끝 부분을 나타냅니다. 그렇다면 사진에 나타난 물줄기는 (강, 바다)입니다. 바이킹 족은 이런 지형을 활용하여 유럽의 여러 지역으로 진출하였습니다.

(다)

5 지도 (다)의 (A)나라 이름은 □□□□입니다.

이 나라의 서쪽 해안선은 매우 (단순, 복잡)합니다.

6 앞의 사진 (가)는 이 나라의 서쪽 해안선의 일부입니다. 어느 곳일지 추리해서 (다) 지도에 ○표 하세요.

잠깐만요

① 산골짜기 사이를 가득 채운 거대한 빙하가 중력으로 이동하면서 골짜기 바닥을 깊이 파거나 깎아냅니다.

② 빙하가 기온 상승으로 모두 녹아 사라진 자리에 U자 모양의 깊숙한 골짜기가 생깁니다.

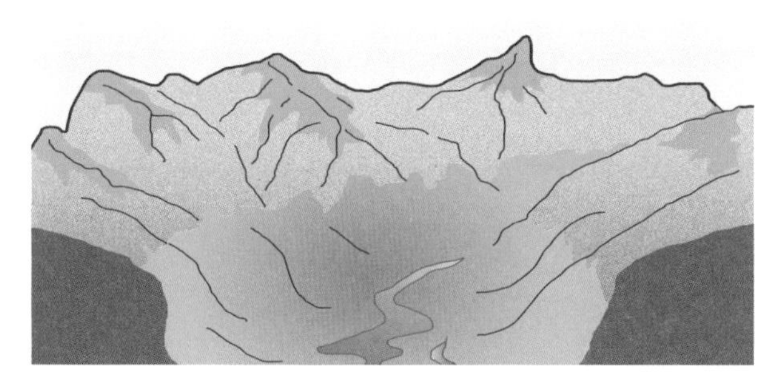

③ 깊숙한 골짜기로 점차 바닷물이 차 올라옵니다.

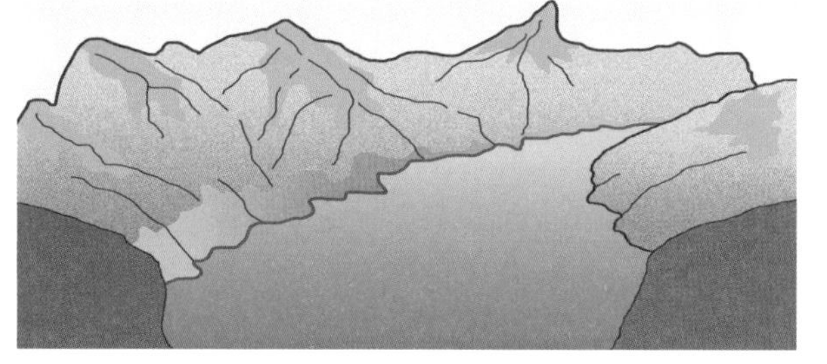

④ 골짜기가 모두 바닷물에 잠기면 좁고 긴 피오르 해안이 발달합니다.

피오르 지형의 활용

피오르는 빙하에 의하여 형성된 골짜기에 바닷물이 들어와 생긴 좁고 긴 협만입니다. 그렇다면 앞의 사진 (나)의 골짜기는 U자형 모습일 것으로 추측할 수 있습니다. 이런 협만 지형에는 깊은 수심, 수직 절벽, 폭포 등이 발달하여 관광 산업으로 활용됩니다.

빙하의 특성 살펴보기

다음 자료들을 보고, 활동하거나 알맞은 말을 □ 안에 쓰세요.

(가)

(나)

1 사진 (가), (나)의 (A) ~ (C) 지점을 실제 골짜기 비탈을 따라 선으로 이어보세요.

2 사진 (가)에 나타난 골짜기는 (U, V)자 모양, (나)는 (U, V)자 모양임을 알 수 있습니다.

3 일반적으로 하천이 깎아 만든 골짜기는 V자, 빙하가 깎아 만든 골짜기는 U자 모양입니다. 그렇다면 (가)는 □□가, (나)는 □□이 깎아 만든 골짜기입니다.

(다)

(라)

4 그림 (다)에서처럼 눈이 녹지 않고 쌓여 다져지면 □□□(firn), 그것이 오랜 세월 더욱 단단해져 얼음덩어리로 굳어진 것을 □□ 얼음(혹은 빙하빙)이라고 합니다.

5 사진 (라)에서 보이는 흰색 바탕에 있는 □□ 색 줄 무늬는 빙하가 바위를 갈아 만든 돌가루를 운반하는 흔적으로, 빙하가 중력에 의해 높은 곳에서 낮은 곳으로 천천히 이동했다는 것을 알 수 있습니다.

잠깐만요

빙하의 속도

빙하의 속도는 빠른 경우 1년에 4km, 느린 경우 2m 정도로 매우 천천히 움직이므로 그 흐름을 쉽게 알아채기 어렵습니다. 그렇지만 빙하에 의한 침식 및 운반 작용은 엄청납니다. 위의 사진 (가)에서처럼 단단한 바위 덩이도 깎아 골짜기를 만들거나, (가)의 (C)지점의 쪼개진 바위처럼 두 동강이를 내기도 합니다.

빙하기 때의 육지와 바다 모습 탐구하기

다음 지도를 보고, 물음에 알맞은 말을 □ 안에 쓰거나 ○표 하세요.

(가) 유럽의 빙하 확장 범위

1 □□□(氷河期, ice age)란 지구의 기온이 오랜 시간 동안 내려가 남북 양극과 대륙, 산 위의 얼음층이 확장되었던 시기를 말합니다.

2 빙하기 때 영국은 빙하로 (덮여 있었습니다, 덮여 있지 않았습니다).

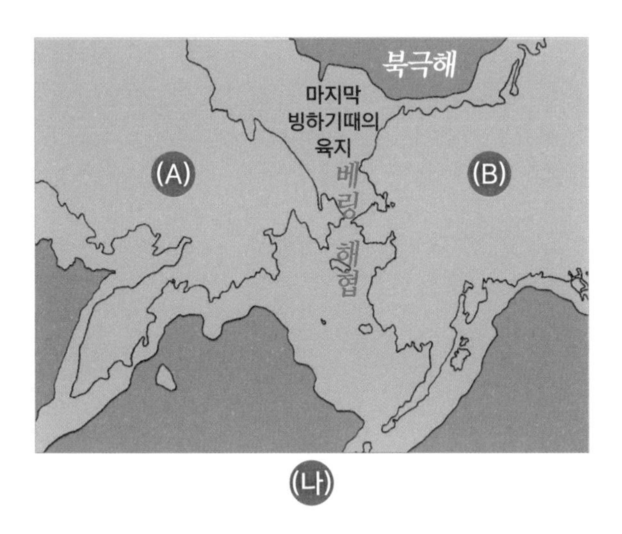

(나)

3 (나) 지도의 (A)는 오늘날 □□□의 시베리아, (B)는 □□의 알래스카입니다.

4 현재는 바다인 베링 해협은 빙하기 때는 (육지, 바다) 였습니다. 따라서 빙하기 때는 사람들이 걸어서 아시아에서 아메리카로 (이동할 수 있었습니다, 이동할 수 없었습니다).

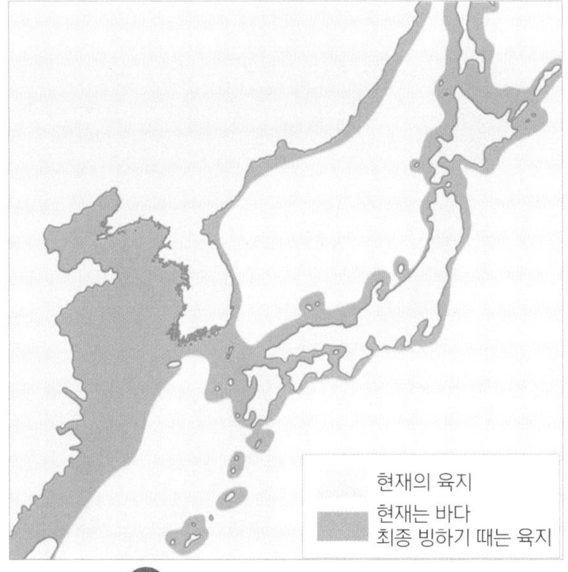

(다) 빙하기의 육지와 바다 범위

5 빙하기 때 황해 바다는 (여전히 바다, 육지) 였습니다.

6 빙하기 때 우리 땅에 살던 사람들은 걸어서 일본으로 (이동할 수 있었습니다, 이동할 수 없었습니다).

09 세계의 바위 지형

바위는 오랜 세월 동안 저절로 부서지고, 물과 바람에 깎이면서 독특한 생김새를 지니게 됩니다. 생김새가 독특한 바위는 관광자원으로 널리 이용됩니다. 그럼, 세계의 대표적인 바위 지형과 그 형성 과정을 간단히 살펴볼까요?

act 1 소설의 무대가 되는 해안가 바위 지형

다음 자료를 보고, 알맞은 말을 □ 안에 쓰거나 ○표 하세요.

(가)

(나)

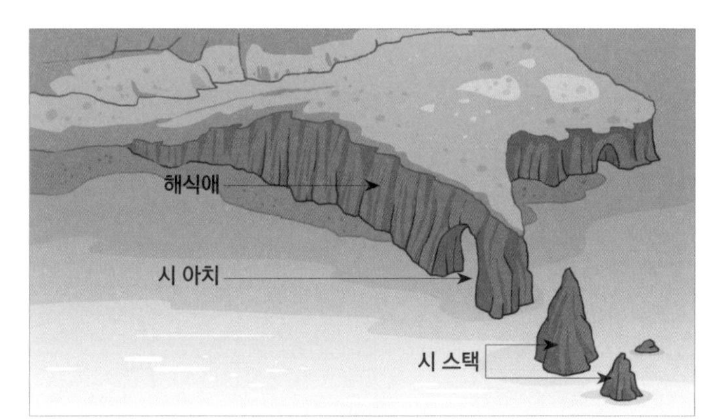

(다)

1 사진 (가)는 지도 (나)에 표시된 □□□의 노르망디 바닷가 에뜨르따 마을에 있는 유명한 바위 지형을 나타냅니다. 사진에 나타난 촛대 바위는 프랑스 추리 소설 '괴도 루팡'의 '기암성'에 등장하는 바위입니다.

2 그림 (다)는 암석 해안에서 볼 수 있는 여러 지형을 보여줍니다. 이를 바탕으로 사진 (가)의 ①은 □□□, ②는 □□□, ③은 □□□ 지형이라는 것을 알 수 있습니다.

3 시 스택(sea stack)이란 (촛대 바위, 대문 바위), 시 아치(sea arch)란 (촛대 바위, 대문 바위)이고, 해식애(海蝕崖)란 바닷물의 침식 작용으로 생긴 절벽입니다. 애(崖)는 '절벽(cliff)'을 뜻합니다.

잠깐만요

이러한 지형들이 만들어지는 데 가장 중요한 역할을 하는 것은 그림에서 알 수 있듯이 **파도에 의한 침식 작용**입니다.

act 2 신성한 장소로 여겨지는 바위 지형

다음 사진은 울루루(Uluru)라고 불리는 바위로 한 덩어리로 이루어진 세계에서 가장 큰 바위 지형입니다. 알맞은 말을 □ 안에 쓰거나 ○표 하세요.

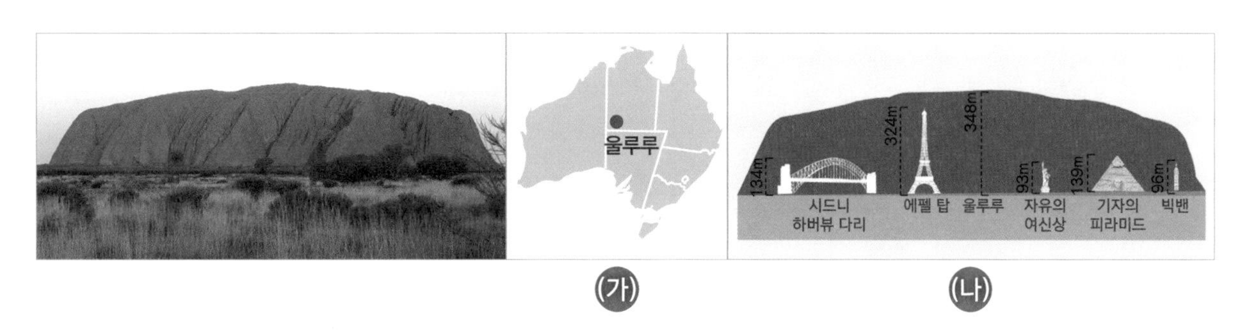

(가) (나)

1 이 바위는 지도 (가) 나라, 곧 □□□□□□□의 중앙부에 위치하며, 원주민에게는 신성한 장소로 여겨집니다.

2 그림 (나)를 보면 이 바위는 높이가 □□□m이고, 길이 3.6km, 넓이 1.9㎢, 둘레가 무려 9.4km에 이릅니다. 에펠 탑보다도 □□m가 더 높다는 것을 알 수 있습니다.

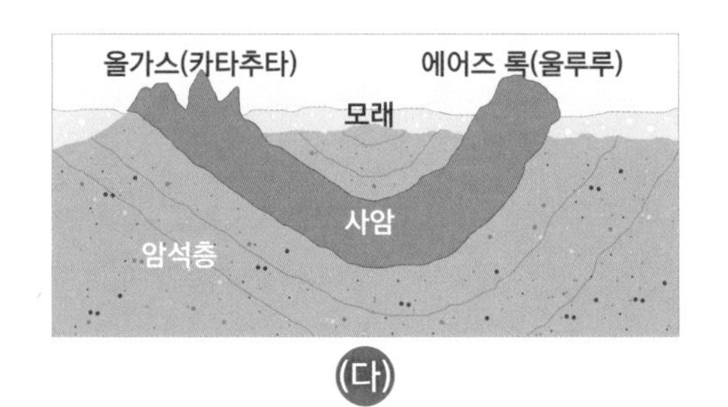

(다)

3 그림 (다), (라)를 통하여 알 수 있듯이, 이 바위 지형은 모래가 굳어진 □암이 □생대 초기부터 오랜 세월 동안 침식되면서 만들어졌습니다.

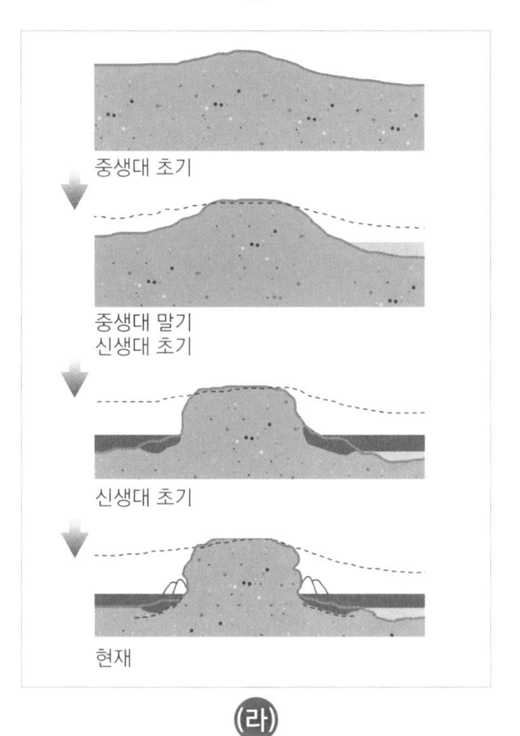

(라)

잠깐만요

지구의 나이는 약 46억 살 정도입니다. 46억년이란 긴 시간 동안 지구에는 몇 차례의 큰 변화가 있었는데, 이를 바탕으로 지구의 일생을 '시·원생대 → 고생대 → 중생대 → 신생대'로 나눕니다. 만일 지구의 역사를 12시간으로 잡아본다면,

00:00	지구 탄생
10시간 29분 동안	시·원생대
55분 동안	고생대
26분 동안	중생대
10분 동안	신생대

이렇게 나눌 수 있습니다.

잠깐만요

이곳에서 약 40km 떨어진 **'카타추타'** 바위도 울룰루와 동일한 사암으로 이루어진 바위 지형입니다.

〈카타추타〉

집으로 활용되는 바위 지형

다음 자료를 보고, 알맞은 말을 □ 안에 쓰거나 ○표 하세요.

(가)

(나)

(다)

1 사진 (가)의 요정 굴□(fairy chimney) 모양의 바위들은 지도 (나)의 (A)나라, 곧 □□의 괴레메 국립공원에 있는 암석 지형입니다. 이곳에 오래 전에 살던 사람들은 바위를 깎아 (다)처럼 바위 □을 짓고 살기도 하였습니다.

① 화산 폭발과 함께 화산재가 두껍게 쌓이고, 시간이 지나면서 뭉쳐져 암석(응회암)이 되었습니다.

② 그 위로 묽은 용암이 흘러와 덮었습니다. 용암은 식으면서(현무암) 여기저기에 갈라진 틈이나 결을 만듭니다.

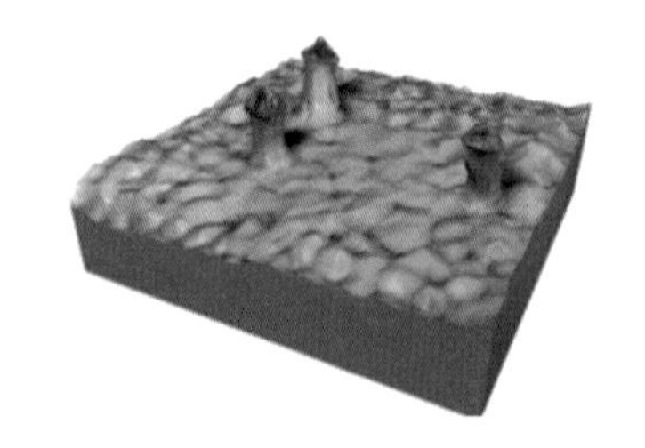

③ 갈라진 틈이나 결을 따라 물이 흘러들면서 암석을 깎고 부수면서 버섯 모양을 만들었습니다.

(라)

2 이러한 지형이 만들어진 과정은 (라)와 같습니다. 그렇다면 사진 (마)의 (A) 부분은 용암이 식어 굳어진 (응회암, 현무암), (B)는 화산재가 뭉쳐진 (응회암, 현무암)이라는 것을 추리할 수 있습니다.

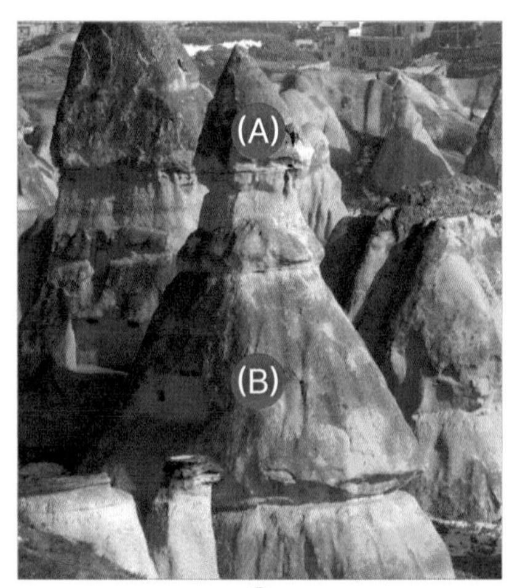

(마)

랜드마크로 활용되는 바위 지형

다음 자료를 보고, 알맞은 말을 □ 안에 쓰거나 ○표 하세요.

(가)

(나)

1 사진 (가)에서 송곳니 혹은 원뿔 모양의 바위산을 찾아 ○표 하세요.

2 이 바위산 이름은 '슈거로프(sugarloaf)'(396m)입니다. 16~17세기 때 지도 (나)의 (A)나라, 곧 현재의 □□□에서는 사탕수수를 끓이고 정제한 후 '슈거로프'라고 부르는 □□ 모양의 진흙 그릇에 보관했는데, 이 산의 모양이 그것을 닮았다고 해서 붙여진 것입니다.

3 '빵산'이라고도 불리는 이 산은 (나)에 표시된 도시인 □□□□□□□의 '랜드마크'(어떤 지역을 구별하게 하는 표지)로서 중요한 역할을 합니다.

잠깐만요

랜드마크(land mark)란 어떤 지역을 식별하는 데 목표물로서 적당한 사물을 말합니다.

잠깐만요

바위산의 형성 과정

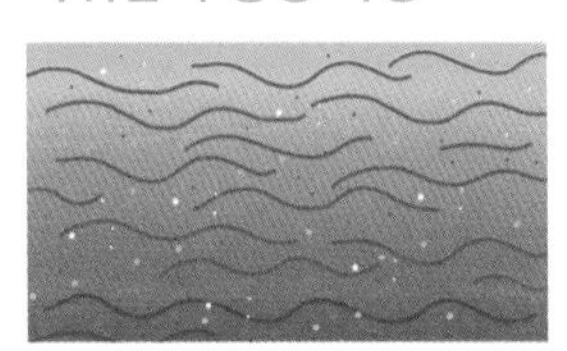

① 이미 어떤 암석이 만들어져 있습니다.

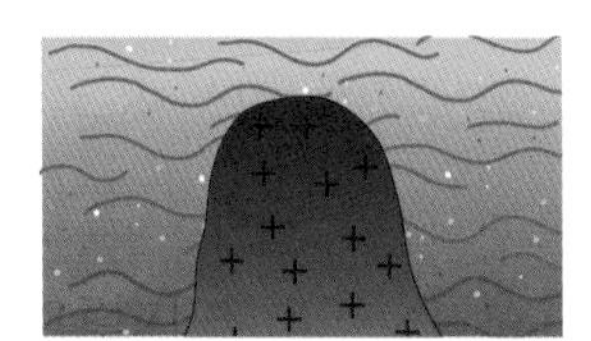

② 그 암석에 마그마가 올라와 박힙니다. 마그마는 천천히 식으면서 화강암이 됩니다.

③ 화강암 위를 덮고 있던 암석이 제거되고 침식되어 없어지면서 화강암이 드러나 깎이게 됩니다.

10 세계의 산지 지형

세계에는 다양한 모습의 산이 있습니다. 오랜 세월 동안 물과 바람에 깎이는 과정에서 암석의 재질에 따라 서로 다른 모양을 만들어 내기 때문입니다. 생김새가 독특한 산지도 중요한 관광 자원이 됩니다. 그럼, 세계의 대표적인 산지 지형을 간단히 살펴볼까요?

act 1 책상 모양의 산 지형

다음 자료를 보고, 알맞은 말을 □ 안에 쓰거나 ○표 하세요.

(가)

(나)

1 사진 (가)의 산 이름은 생김새가 책상 모양과 비슷하여 □□□ 마운틴(table mountain)이라 불립니다.

2 이 산은 지도 (나)의 (A)나라, 곧 □□□□□ 공화국의 케이프타운에 있습니다.

3 다음 그림은 이 산의 형성 과정을 나타내는데, 이를 통해 이 산이 아주 오래 전에는 호수나 바다 (밑, 위)의 땅이었다는 점을 추리할 수 있습니다. 이처럼 지□은 산의 모양에 영향을 줍니다.

① 오랜 세월 호수나 바다 바닥에 모래, 자갈, 진흙이 쌓여 두꺼운 퇴적층이 만들어집니다.

② 지구 내부의 힘으로 수평을 유지하며 솟아오른 후에 침식을 받기 시작합니다.

③ 단단한 지층은 적게, 무른 지층은 많이 비바람에 깎이거나 무너져 내립니다.

잠깐만요

테이블마운틴은 200킬로미터 밖에서 알아볼 수 있어 예로부터 아프리카의 남단을 항해하는 선원들에게 길잡이 역할을 했다고 합니다. 1488년, 포르투갈 항해가인 바르톨로뮤 디아스가 유럽인으로서는 처음으로 이곳을 발견했다고 전해집니다.

act 2 원뿔 모양의 산 지형

다음 자료를 보고, 알맞은 말을 □ 안에 쓰거나 ○표 하세요.

(가)

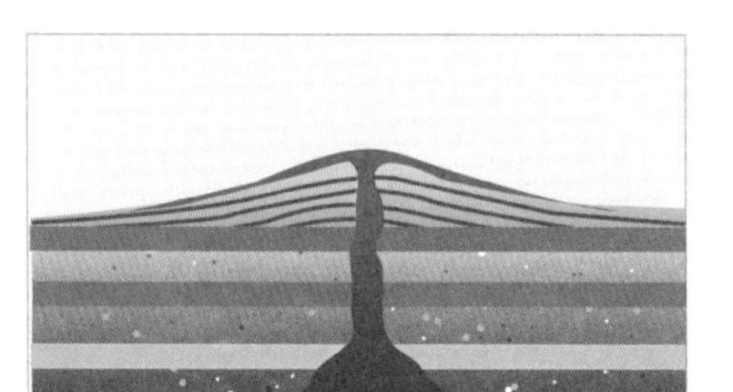

순상 화산

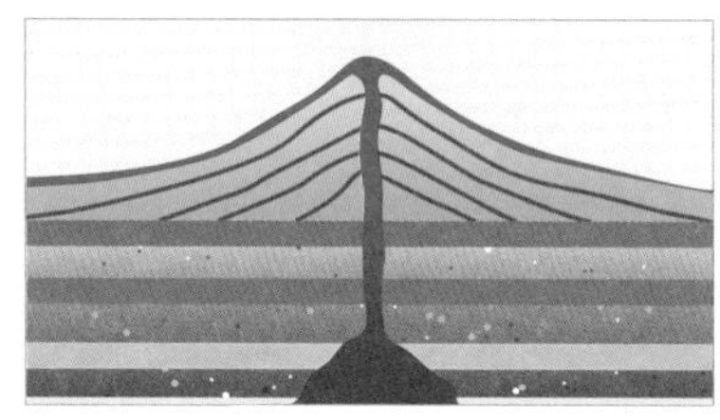

성층 화산

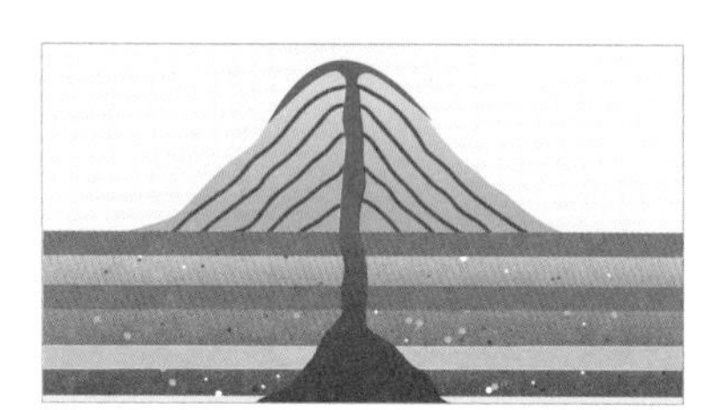

종상 화산

(나)

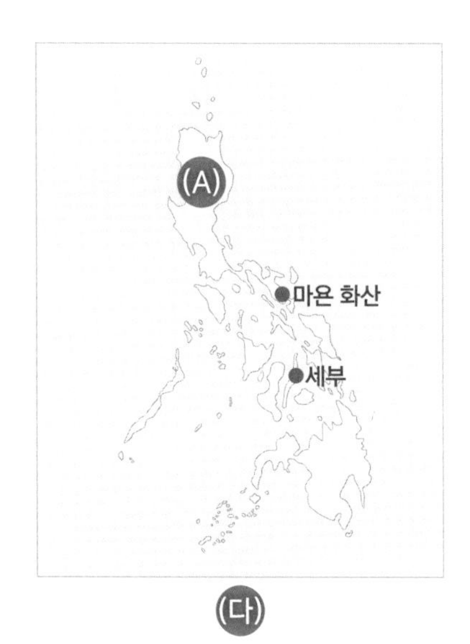

(다)

1 사진 (가)의 화산은 그림 (나)의 화산 형태로 보았을 때 □□ 화산이라고 볼 수 있습니다. 이 산은 거의 완벽한 원뿔형 모양의 화산으로 알려져 있습니다.

2 이 화산은 지도 (다)의 나라, 곧 □□□에 있는 마욘 화산의 모습입니다.

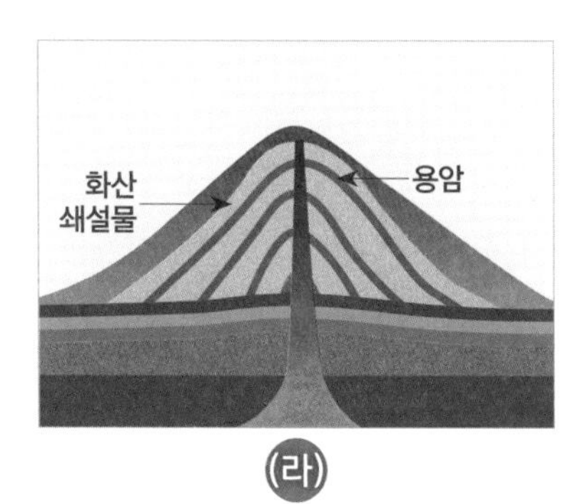

(라)

3 이러한 원뿔 모양의 화산은 그림 (라)에서처럼 묽은 □□과 □□ □□□이 번갈아 여러 번 분출하고, 이것이 겹겹이 쌓여서 만들어집니다.

잠깐만요

화산 쇄설물
화산 폭발과 함께 생기는 화산재를 비롯한 여러 암석 부스러기

act 3 탑 모양의 산 지형

다음 자료를 보고, 알맞은 말을 □ 안에 쓰거나 ○표 하세요.

(가)

(나)

1 사진 (가)는 지도 (나)의 (A)나라, 곧 □□의 구이린(계림)에 발달한 탑 카르스트(tower karst)라는 지형입니다. 탑 카르스트는 탑 모양의 봉우리 지형을 말합니다.

2 다음 그림은 탑 카르스트 지형의 형성 과정을 보여줍니다. 이를 통해 (가) 사진의 산봉우리 바위는 □□암으로 이루어져 있고 빗□에 녹아 만들어졌다는 것을 알 수 있습니다. 이처럼 암석의 재질은 산의 모양에 큰 영향을 줍니다.

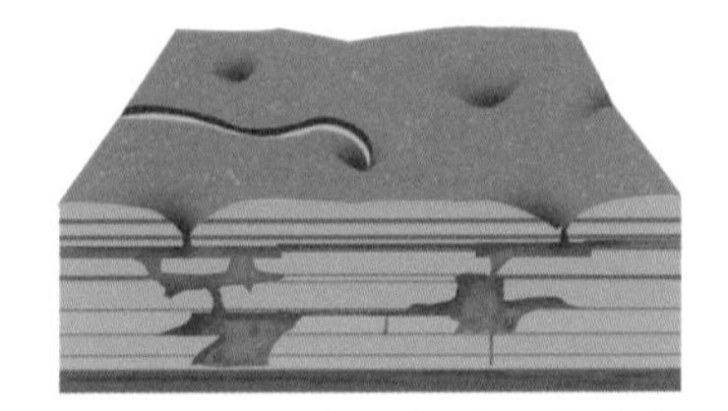

① 석회암은 빗물에 잘 녹습니다. 암석의 약한 틈으로 물이 스며들면서 움푹 파인 땅이나 지하 동굴이 만들어집니다.

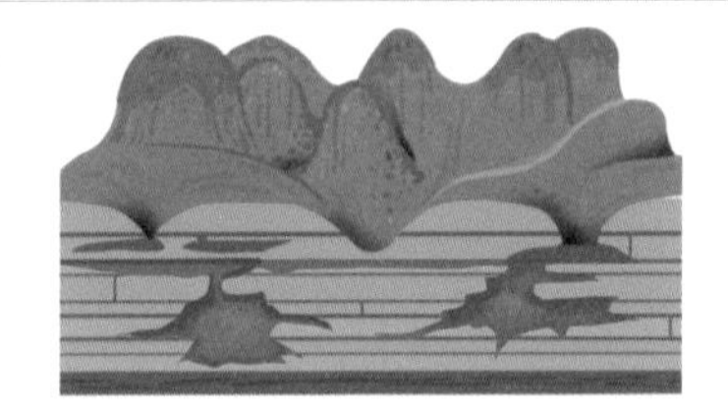

② 시간이 지나면서 파인 땅이나 지하 동굴에는 물이 더 많이 모이면서 녹는 작용이 더욱 활발해집니다.

③ 파이기 시작한 곳은 점점 더 낮아지고, 지하 동굴이 꺼져 내리기도 합니다. 이때 빗물에 덜 녹은 부분이 남아 여기저기 탑 모양의 봉우리가 됩니다.

잠깐만요

구이린의 **탑 카르스트 지형**은 중국 돈 20위안 지폐 뒷면에도 그려져 있습니다. 자연이 그린 수묵화(색을 칠하지 않고 먹으로만 그린 그림)라는 별칭을 받고 있기도 합니다.

11 세계의 하천 지형

하천은 자신의 물길과 주변을 깎아내고, 그 물질을 실어 날라 다시 쌓는 일을 반복합니다. 이처럼 오랜 세월 동안의 침식, 운반, 퇴적 작용으로 하천 주변의 지형은 새로 만들어지고 달라집니다. 정말 그러한지 몇 가지 사례를 살펴볼까요?

act 1 하천의 침식 작용으로 만들어지는 지형

다음 자료를 보고, 알맞은 말을 □ 안에 쓰거나 ○표 하세요.

1 사진 (가)는 지도 (나)의 (A) 나라, 곧 □□ 에 있는 거대한 규모의 좁고 깊은 골짜기인 □□□□□□ (grand canyon)의 모습을 보여줍니다. 이 대협곡은 캘리포니아 주 동쪽에 자리 잡은 □□□□ 주에 위치합니다.

2 다음 그림은 위 지형의 형성 과정을 보여줍니다. 이를 통해 단단한 암석층은 침식을 (적게, 많이), 연한 암석층은 (적게, 많이) 받게 된다는 점을 알 수 있습니다.

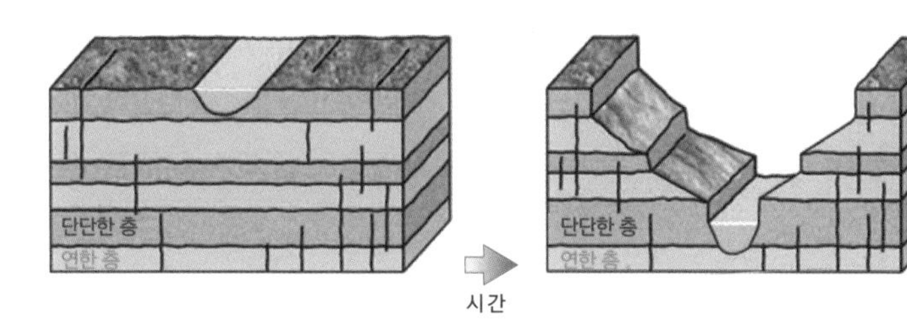

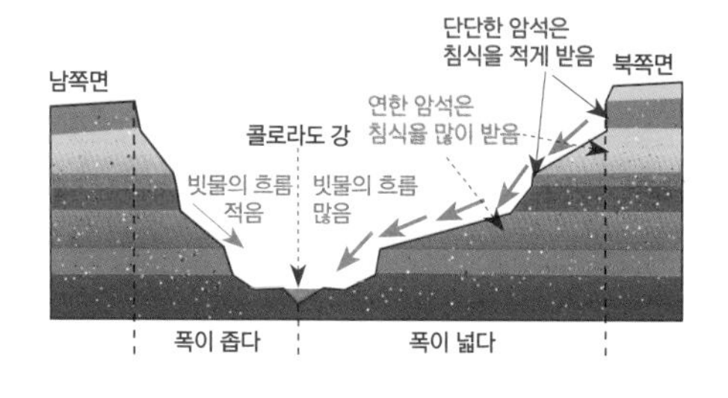

① 바다나 호수 바닥에 단단한 물질과 연한 물질이 교대로 쌓인 층이 굳어져 암석이 됩니다.
② 지구 내부의 힘으로 땅 바닥이 솟아오른 후에 하천의 침식 작용을 받기 시작합니다.
③ 이때 단단한 암석층과 연한 암석층은 서로 다른 정도로 침식 작용을 받으면서 계단 모양의 비탈을 만들어 갑니다.

3 이 계곡의 남쪽 면보다 북쪽 면의 경사가 더 (완만, 급)한 까닭은 □□□□ 강으로 흘러드는 빗물의 양이 남쪽 면보다 북쪽 면에서 더 많아 침식을 (덜, 더) 받았기 때문입니다.

act 2 하천의 물길 변경 과정에서 만들어지는 지형

다음 자료를 보고, 활동하거나 알맞은 말을 □ 안에 쓰세요.

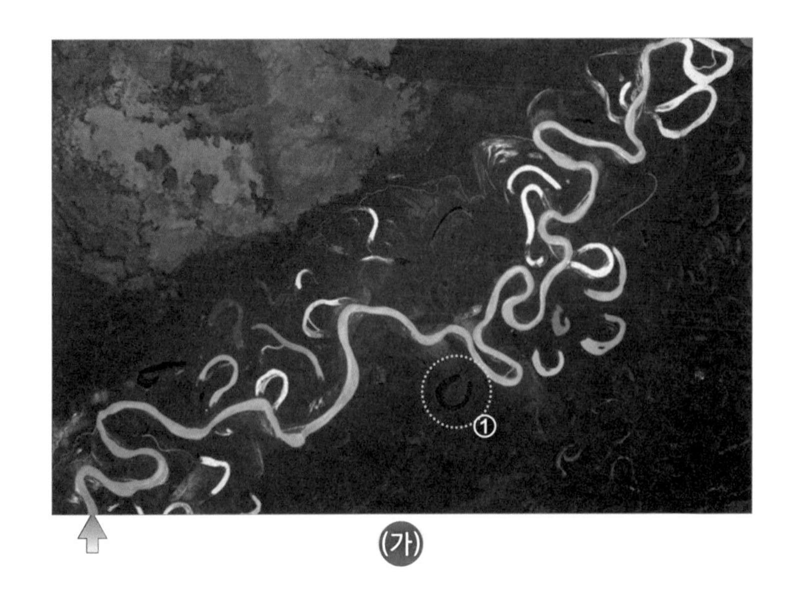

(가)

(나)

1 사진 (가)에서 화살표(↑) 지점에서부터 시작하여 물길을 따라 끝까지 이어보세요.

2 사진 (가)는 지도 (나)의 (A) 나라, 곧 볼□비□에 있는 리오베니 강줄기를 보여줍니다. 이처럼 평평한 땅위에서 자유롭게 물길을 바꾸며 꾸불꾸불 흐르는 하천을 □□곡류□(自由曲流川)이라고 부릅니다. 이 하천은 지도 (나)의 브라질 쪽 □□□강으로 흘러듭니다.

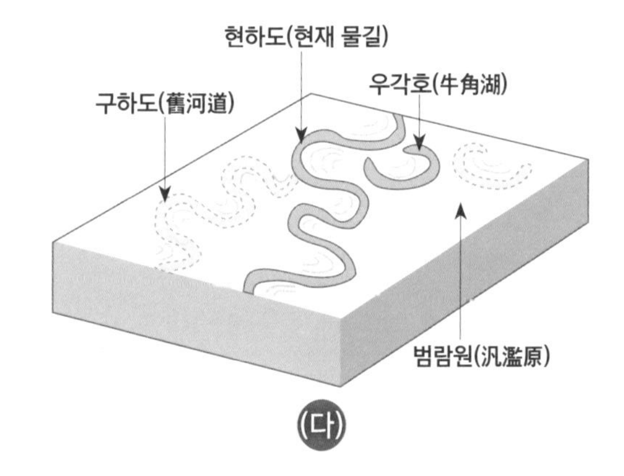

(다)

3 그림 (다)를 보고 서로 관계 깊은 것끼리 이어보세요.

① 구하도 •	• 옛날의 물길
② 우각호 •	• 홍수 때마다 실려 온 흙이 쌓여 생긴 평평한 땅
③ 범람원 •	• 소뿔 모양의 호수

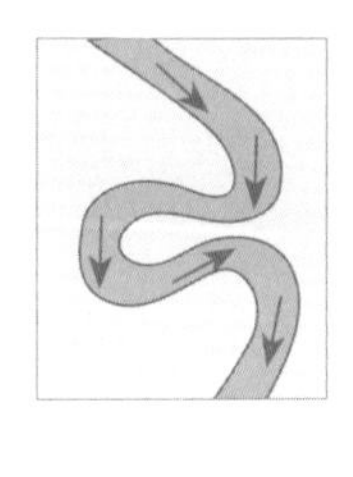

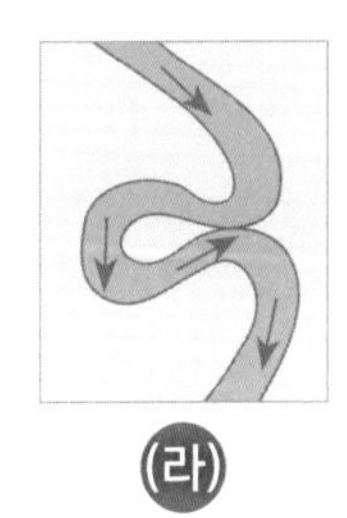

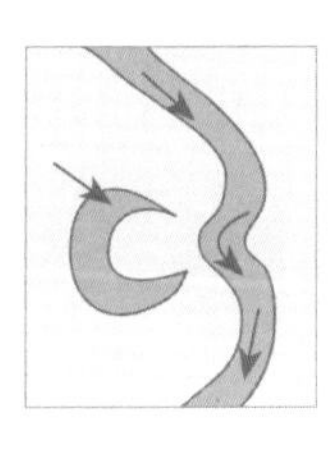

(라)

4 사진 (가)의 ①은 □□□ 지형입니다. 그림 (라)는 하천이 물길을 바꾸면서 □□호가 만들어지는 과정을 보여줍니다.

하천의 퇴적 작용으로 만들어지는 지형

다음 자료를 보고, 알맞은 말을 □ 안에 쓰거나 ○표 하세요.

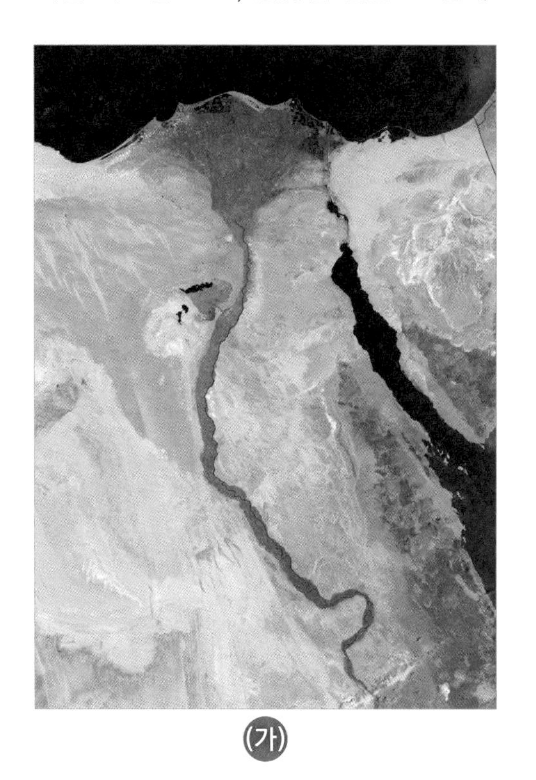

(가)

(나)

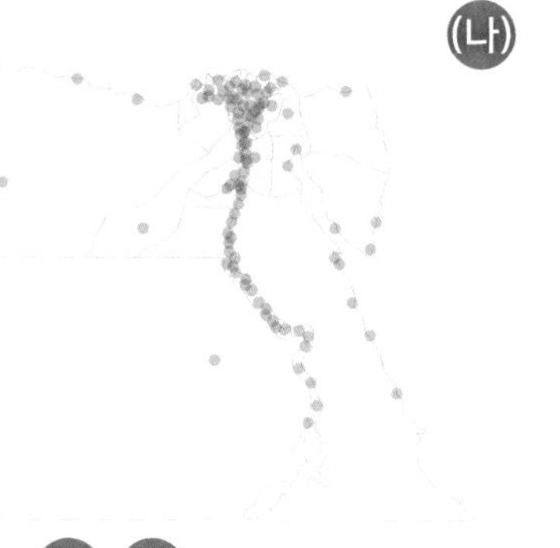

(다) (A) 나라의 인구 분포

1 사진 (가)는 지도 (나)의 (A) 나라,곧 □□□를 흐르는 세계에서 가장 긴 나일 강변 일대를 보여줍니다. 이 강은 □□해로 흘러듭니다. 지도 (다)를 통하여 (A)나라 인구는 대부분 나일 강 주변에 분포하는 것을 알 수 있습니다.

2 그림 (라)는 나일 강 북쪽의 모습을 나타냅니다. 흰색 바탕을 녹색으로 칠하세요.

3 지도에 표시된 빨간 점(•) 세 개를 직선으로 이어보세요. 그러면 녹색 부분이 대략 □□형을 이룬다는 것을 알 수 있습니다. 이처럼 큰 강이 바다와 만나는 곳에 넓게 만들어져 있는 평평한 땅을 □□□(三角洲)라고 합니다.

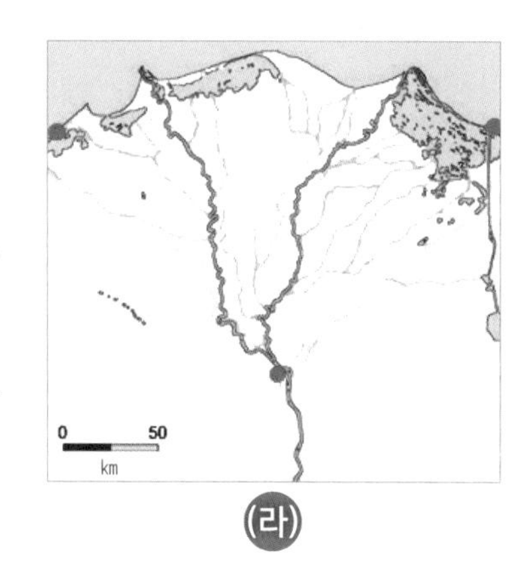

(라)

4 다음은 이 지형의 형성 과정을 보여줍니다. 이를 통해 강과 바다가 만나는 하구(河口)에서는 유속이 (느려, 빨라)지면서 모래나 진흙 등 운반 물질이 쌓여 작은 모래톱이나 섬이 만들어진다는 것을 알 수 있습니다.

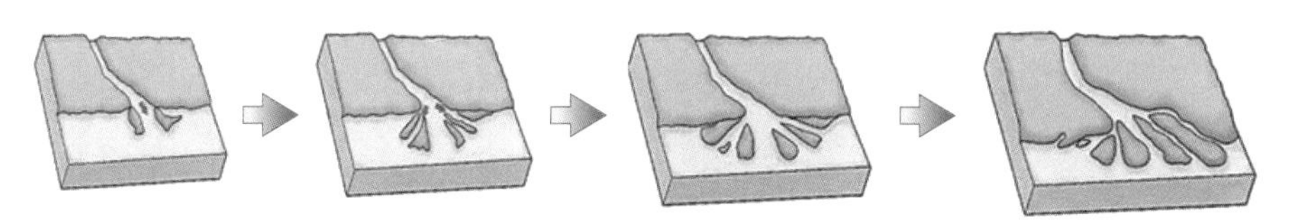

12 세계의 건조 지형

건조 지형이란 사막처럼 건조한 환경에서 만들어지는 지형입니다. 땅이 건조한 곳에서 지형을 만들고 변화시키는 데는 바람이 큰 역할을 합니다. 자, 대표적인 건조 지형에는 무엇이 있는지 살펴봅시다.

act 1 바람의 침식 작용으로 만들어지는 지형 1

다음 자료를 보고, 알맞은 말을 □ 안에 쓰세요.

(가)

(나)

1 사진 (가)처럼 사막에서 지하수가 솟아나와 항상 물이 고여 있는 웅덩이 지형을 오□□□(이)라고 하며, 그 크기는 다양합니다.

2 사진 (가)의 장소는 지도 (나)의 (A) 나라, 곧 □비□의 우바리라는 곳입니다. 이 일대에 펼쳐진 광대한 사막의 이름은 사□□입니다.

(다)

3 그림 (다)는 이 지형이 생기는 과정을 나타냅니다.

① 사막에도 높은 산지가 있는 곳에는 구름이 만들어지거나 걸리면서 □가 내립니다.

② 내린 빗물은 □□수가 되어 낮은 곳을 따라 흐릅니다.

③ 지구 내부의 힘으로 지층이 끊어진 경우, 지하수가 더 이상 흐르지 못하고 모입니다. 그러면 점점 □압이 높아져 물이 저절로 솟아올라와 고이게 됩니다.

④ 또는 □□이 사막의 모래 면을 오랜 세월 동안 깎아 날리면서 물을 머금은 지층이 드러나 생기기도 합니다.

바람의 침식 작용으로 만들어지는 지형 2

다음 자료를 보고, 알맞은 말을 □ 안에 쓰거나 ○표 하세요.

(가)

(나)

1 사진 (가)에 나타난 암석 지형은 윗부분보다 아랫부분이 더 얇고 가는 모습에 빗대어 □□바위(mushroom rock)라고 합니다.

2 이것은 지도 (나)의 (A) 나라, 곧 □스□엘의 사막에 있는 암석 지형입니다. 그렇지만 이곳에만 발달하는 것이 아니라, 세계의 여러 사막에서 널리 나타납니다.

3 다음 그림은 이 지형이 만들어지는 과정입니다.

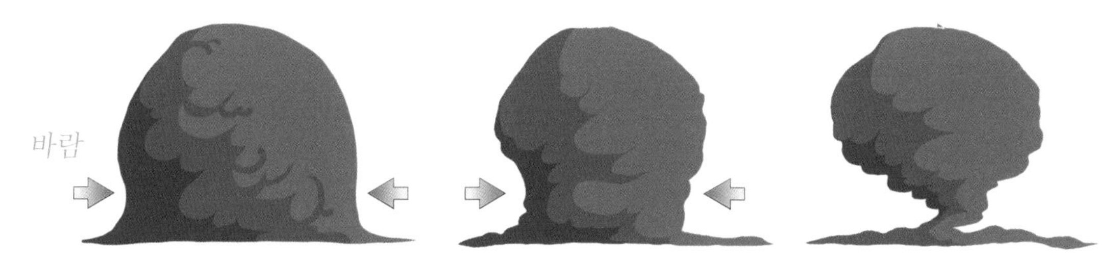

① 암석이 □□에 날린 모래에 부딪치며 깎입니다.

② 모래가 이동할 때의 높이는 지표로부터 1m를 넘지 않으므로 암석의 (아랫, 윗)부분이 더 많이 침식됩니다. 모래는 무게가 있어 땅위로 높이 뜨지 못하기 때문입니다.

③ 시간이 지나면서 아랫부분을 더욱 □식하여 버섯 모양의 바위를 만듭니다. 결국 오랜 세월 후에 이 바위는 □력을 이기지 못하고 무너져 버릴 것입니다.

바람의 퇴적 작용으로 만들어지는 지형

다음 자료를 보고, 알맞은 말을 □ 안에 쓰거나 ○표 하세요.

(가)

(나)

1 사진 (가)는 사막에서 널리 나타나는 모래 언덕 지형입니다. 한자말로는 □□(沙丘)라고 합니다. 모래 사(沙), 언덕 구(丘) 자를 합친 말입니다.

2 사진 (가) 지형은 지도 (나)의 (A) 나라, 곧 나□비□의 사막에 발달하고 있습니다. 모래 언덕 지형은 사막이면 어디에서나 널리 나타납니다.

3 다음 그림은 사구 지형의 형성 과정을 보여줍니다.

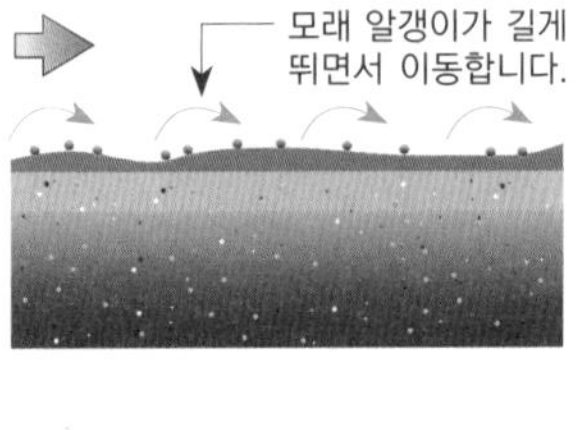

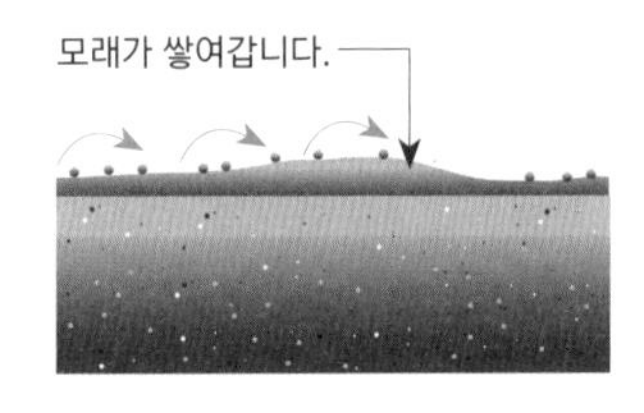

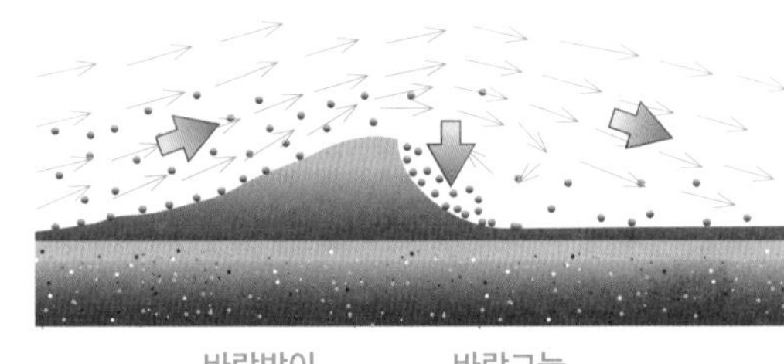

점점 더 많은 모래가 쌓여갑니다.

① 사구의 바람받이 쪽은 경사가 (완만, 급)하고, 바람그늘 쪽은 경사가 (완만, 급)합니다.

② 사구는 시간이 지나면서 (그대로 멈춰 있을, 아주 느리게 이동할) 것 같습니다.

③ 만일 이동한다면, 사구는 바람이 (불어오는 쪽, 불어가는 쪽)으로 움직입니다.

④ 결국, 사구 지형은 □□의 퇴적 작용으로 만들어지며, 이동 방향은 (풍속, 풍향)과 더 밀접한 관계가 있다는 것을 알 수 있습니다.

지금까지 배운 내용을 정리해 봅시다.

1. 세계의 대지형

① 큰 바다를 □□(大洋)이라 하고, 육지나 섬이 가로막아 큰 바다와 떨어져 있는 작은 바다를 □(海)라고 합니다.

② 바다가 육지 쪽으로 굽어 들어온 지형을 □(灣)이라고 합니다.

③ 육지가 바다 쪽으로 길게 뻗은 모양으로서 한 면은 육지와 붙어 있고, 나머지 세 면은 바다와 맞닿아 있는 땅을 □□(半島)라고 합니다.

④ 육지 사이에 끼여 있는 좁고 긴 바다 부분을 □□(海峽)이라고 합니다.

⑤ 한 무리를 이루고 있는 여러 섬을 □□(群島) 또는 제도(諸島)라고 합니다. 그 중에서도 한 줄로 길게 늘어선 여러 섬을 □□(列島)라고 합니다.

⑥ 티그리스-유프라테스 강, 나일 강, 인더스 강, 황허 강은 세계 4대 □□의 발상지라는 공통점이 있습니다.

⑦ 우랄 산맥, 그레이트디바이딩 산맥, 애팔래치아 산맥은 □□대에 만들어진 산맥들로서 침식 작용을 오래 받아 비교적 낮고 완만한 특징이 있습니다.

⑧ 알프스 산맥, 히말라야 산맥, 로키 산맥, 안데스 산맥은 □□대에 만들어진 산맥들로서 침식 작용을 덜 받아 높고 험준한 특징이 있습니다.

⑨ □□□□의 □이란 지역은 에티오피아·소말리아·지부티가 자리 잡고 있는 아프리카 북동부 지역으로서 마치 코뿔소의 뿔과 같이 인도양으로 튀어나온 모습에서 그 이름이 유래하였습니다.

⑩ □□ 지대란 아프리카 사하라 사막 남쪽 가장자리 지역으로서 아랍 어로 '변두리'라는 뜻을 지니고 있습니다. 이곳은 기후 변화와 지나친 가축 사육으로 사막화가 널리 진행되고 있습니다.

2. 세계의 빙하 지형

① □□□란 빙하에 의하여 형성된 골짜기에 바닷물이 들어와 생긴 좁고 긴 협만입니다.

② 일반적으로 하천이 깎아 만든 골짜기는 □자, 빙하가 깎아 만든 골짜기는 □자 모양을 띕니다.

② 두껍고 거대한 얼음덩어리가 중력에 의해 높은 곳에서 낮은 곳으로 천천히 이동하는 것을 □□라고 합니다.

3. 세계의 바위 지형

① 바닷가의 촛대 모양 바위섬을 □ □□(sea stack), 대문 모양 바위를 □ □□(sea arch)라고 하고, 바닷물의 침식 작용으로 생긴 절벽을 □□□(海蝕崖)라고 합니다.

② 오스트레일리아의 □□루는 한 덩어리로 만들어진 세계 최대의 바위입니다.

③ 암석의 재□에 따라 단단한 정도가 서로 다르면 비바람에 깎이는 침식의 양도 서로 달라집니다.

4. 세계의 산지 지형

① 남아프리카 공화국의 테이블 마운틴처럼 지층은 □(山) 봉우리의 모양에 영향을 줍니다.

② 필리핀의 마욘 화산처럼 □□마의 성질에 따라 화산의 모양은 달라집니다.

③ 중국 구이린의 산봉우리처럼 탑 모양의 석회암 봉우리 지형을 탑 □□□□라고 합니다.

5. 세계의 하천 지형

① 미국의 그랜드 캐니언처럼 하천의 침식 작용으로 형성된 거대한 규모의 좁고 깊은 골짜기를 □□□(大峽谷)이라고 합니다.

② 평평한 땅위에서 자유롭게 물길을 바꾸며 꾸불꾸불 흐르는 하천을 □□□□□(自由曲流川)이라고 하고, 그 과정에서 생긴 소뿔 모양의 호수를 □□□라고 합니다.

③ 하천의 퇴적 작용으로 강과 바다가 만나는 곳에 넓게 만들어져 있는 평평한 땅을 □□□(三角洲)라고 합니다.

6. 세계의 건조 지형

① 사막에서 지하수가 솟아나와 항상 고여 있는 웅덩이 지형을 □□□□라고 합니다.

② 사막에서 모래 바람의 침식 작용으로 윗부분보다 아랫부분이 더 얇고 가는 암석을 □□바위(mushroom rock)라고 합니다.

③ 사막에서 널리 나타나는 모래 언덕 지형을 □□(沙丘)라고 합니다.

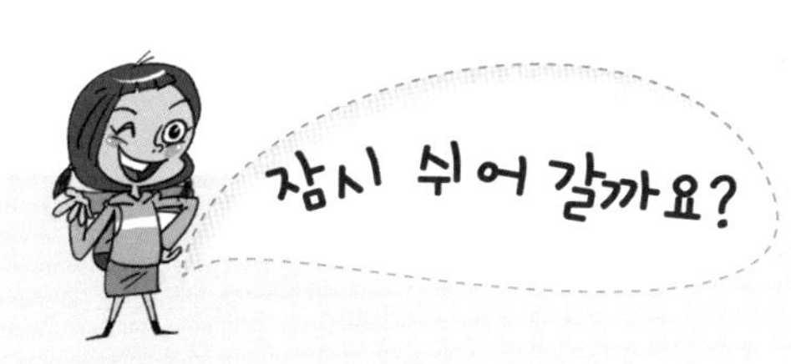

카스피 해는 바다일까, 호수일까?

<그림 1. 카스피 해 위치>

중앙아시아의 카스피 해는 면적이 약 371,000㎢로서, 한반도 전체 면적의 2배에 가까운 세계에서 가장 큰 호수입니다. 바다라는 뜻의 이름을 가진 카스피 '해(海)'가 호수라니 이해가 잘 안 되지요? 저 먼 옛날에는 바다였던 까닭에 카스피 해는 민물보다 소금끼가 많아(염분 14%) 바다의 특성도 지니고 있지만, 지금은 육지로 둘러싸여 있고, 주변에서 강물이 계속 흘러들고 있어 호수와 비슷한 생태계가 나타나서 호수의 특성도 가지고 있답니다.

<그림 2. 카스피 해 유전 분포>

이런 카스피 해의 특성이 우리에게는 그저 재미거리일지 모르지만, 그 주변 나라들에게는 바다인지, 호수인지가 무척 중요하답니다. 왜 그럴까요? 국제법상으로 카스피 해가 호수인지, 바다인지에 대한 정확한 기준은 없습니다. 그런데 카스피 해는 세계에서 손꼽히는 석유와 천연가스 매장 지역으로 알려져 있습니다 <그림 2>. 이 지역의 석유 추정 매장량은 2,000~2,700억 배럴 정도이고, 천연가스 매장량은 세계 1위라고 합니다. 그래서 카스피 해 주변 나라들 사이에는 자원을 둘러싸고 이해관계가 복잡하게 얽혀 있습니다.

<그림3. 카스피 해에 대한 영유권 차이>

과거에 카스피 해의 영유권은 구 소련(현 러시아)과 이란이 서로 반반씩 나누어 가졌습니다. 그러나 1991년 소련이 무너지고 카자흐스탄, 투르크메니스탄, 아제르바이잔이 차례로 독립하게 됩니다. 그러면서 이 지역에 대한 영유권을 주장할 수 있는 나라는 러시아와 이란을 포함해 다섯 개 나라로 늘어나게 되지요.

이들 5개 나라 중 어떤 나라는 카스피 해가 호수라고 주장하고, 다른 나라는 바다라고 주장합니다. 다섯 나라에서는 같은 땅을 놓고 왜 이렇게 다른 주장을 펴는 것일까요? 그것은 카스피 해를 무엇으로 정

하느냐에 따라 각 나라가 차지할 수 있는 자원의 양이 엄청나게 달라지기 때문입니다.

만일 카스피 해를 호수라고 정하면, 국제법상 호수에 접하고 있는 모든 나라가 카스피 해를 공동으로 함께 관리하게 됩니다. 그러니까 카스피 해 주변 5개 나라가 자원을 공동으로 개발하고 20%씩 똑같이 나누어 가져야 하는 거지요. 그렇지만 카스피 해를 바다라고 정하면, 국제법상 각 나라는 바다에 접한 만큼만 자기 땅으로 삼아야 합니다. 그럴 경우 12해리까지 영해로 보는 국제해양법에 따라 긴 해안선을 가진 러시아와 카자흐스탄에게 유리해집니다.

그런데 앞의 <그림 2>에서처럼 석유는 아제르바이잔과 카자흐스탄 가까이에 더 많이 묻혀있습니다. 그런 까닭에 자기 나라 가까이에 석유 매장량이 적은 이란은 카스피 해를 호수로 간주하고 자원 개발로 얻는 이익을 똑같이 나누어 가져야한다고 주장합니다. 하지만 자기 나라 가까이에 석유 매장량이 많은 아제르바이잔은 카스피 해가 바다라고 주장합니다. 국경선 길이에 따라 영유권을 나누어가지는 것이 유리하기 때문이지요.

<그림 4. 각 나라의 주장>

카스피 해 주변 다섯 나라들의 입장은 시기에 따라 조금씩 바뀌었지만, 대체로 러시아와 카자흐스탄, 아제르바이잔 등 세 개 나라는 각 나라의 국경신 길이에 따라 카스피 해 영유권을 나누자고 주장해왔습니다. 반면에 이란과 투르크메니스탄은 20%씩 공평하게 나눌 것을 주장해 왔습니다<그림 4>.

이들 5개 나라는 그동안 몇 차례 영유권 문제를 조정하려고 노력했지만 결론을 내리지 못하고 있습니다. 여기에 카스피 해 주변에서 자원을 확보하기 위해 러시아와 중국, 미국과 EU가 서로 치열하게 다투기까지 하고 있어 자원 문제를 둘러싸고 복잡하기 그지없는 장소가 되고 말았습니다.

이처럼 어떤 곳을 어떤 지형으로 보느냐는 국제관계에서 매우 중요한 문제랍니다. 과연 카스피 해는 바다일까요, 호수일까요? 내가 국제사법재판소 판사라고 여기고 결정해보세요.

셋

세계의 다양한 기후 환경

이 단원에서는 세계의 다양한 기후 환경과 인간 생활 사이의 관계를 공부합니다.

세계 곳곳마다 기후가 다른 까닭은 지구가 둥근 모습이기 때문입니다.

기후는 인간을 비롯한 모든 생명체에 가장 큰 영향을 미치는 자연환경입니다.

특히, 지역마다 사람들이 살아가는 모습에 차이를 만든 근본적인 바탕이지요.

자, 그럼 세계의 여러 기후 특성을 살펴보고,

그것과 우리 인간 생활 사이에는 어떤 관계가 있는지 알아볼까요?

13 다양한 기후가 나타나는 원인

기후는 우리 생활에 가장 큰 영향을 미치는 자연환경입니다. 기후에 따라 생산 활동이 달라지고, 의식주 등 생활 방식도 달라지기 때문입니다. 세계에는 다양한 기후가 분포합니다. 그럼 먼저, 기후의 의미와 세계 곳곳마다 기후가 다른 까닭을 살펴봅시다.

act 1 날씨와 기후 구분하기

다음 자료들은 날씨와 기후 중에서 각각 무엇에 해당할까요?

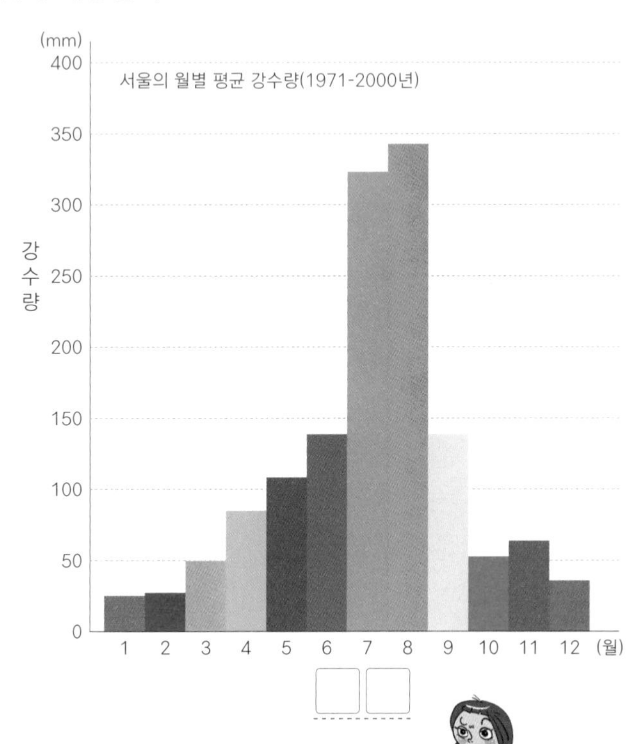

잠깐만요

날씨는 그날그날의 비, 구름, 바람, 기온의 상태를 말하고, 기후는 일정한 지역에서 여러 해에 걸쳐 나타난 기온, 강수, 바람의 평균 상태를 말합니다.

act 2 기온, 기상, 기후 구분하기

서로 관계 깊은 것끼리 이어보세요.

① 기상	대기 온도	공기 기(氣) + 모양 상(象)
② 기온	대기 상태	공기 기(氣) + 따뜻할 온(溫)
③ 기후	어떤 장소에서 해마다 되풀이되는 대기의 평균 상태	공기 기(氣) + 계절 후(候)

act 3 기후 차이가 생기는 까닭 탐구하기

다음 그림은 태양 에너지가 지구 표면에 닿는 모습을 보여줍니다. 물음에 알맞은 말을 □ 안에 쓰거나 ○표 하세요.

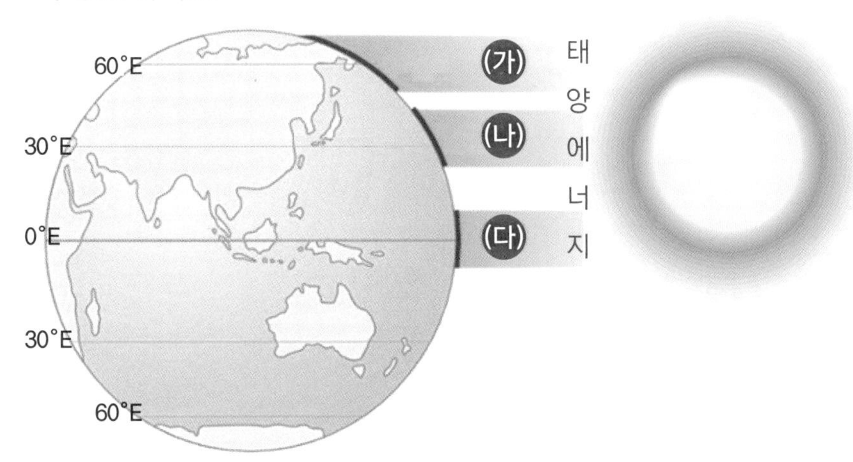

1 태양 에너지가 좁은 범위에 가장 많이 집중되는 곳은 위의 (가) ~ (다) 중에서 □ 일대이고, 넓은 범위에 퍼져 닿는 곳은 □ 일대입니다.

2 이처럼 같은 양의 태양 에너지가 지표면에 닿을 때, 그 범위에 차이가 생기는 이유는 지구가 (네모, 둥글)(이)기 때문입니다.

3 (나) 일대를 (저, 중, 고) 위도 지역이라고 합니다.

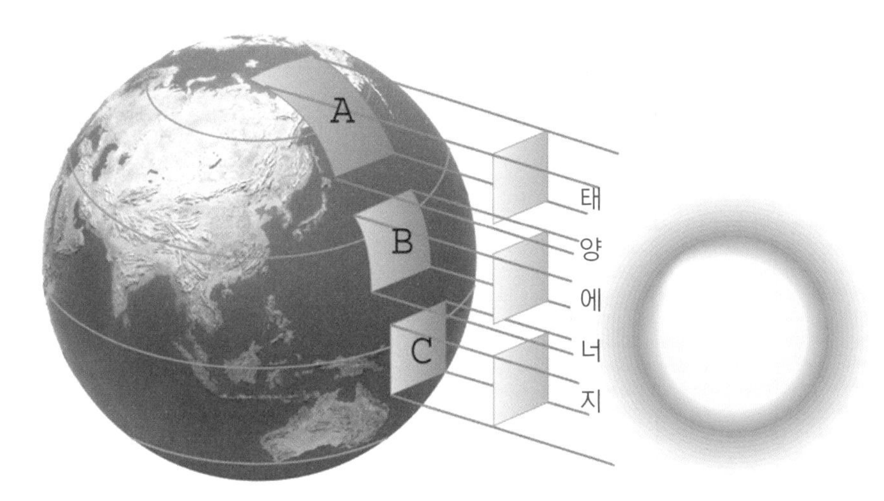

4 C를 지나 지구를 둘러싸는 둥근 선의 이름은 무엇일까요? □도

5 A ~ C 중에서 태양 에너지를 가장 세게 직접 받는 곳은 □ 일대로서 이곳은 항상 열이 넘쳐 (열대, 한대) 기후가 나타납니다. 그렇지만 태양 에너지를 비스듬히 약하게 받는 □ 일대에서는 (열대, 한대) 기후가 나타납니다.

세계의 기후 분포 살펴보기

다음은 세계의 기후 지도입니다. 물음에 알맞은 말을 □ 안에 쓰세요.

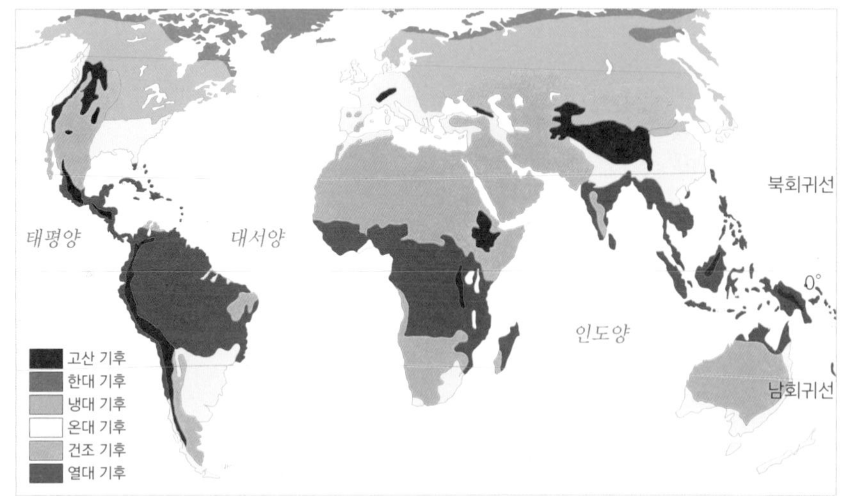

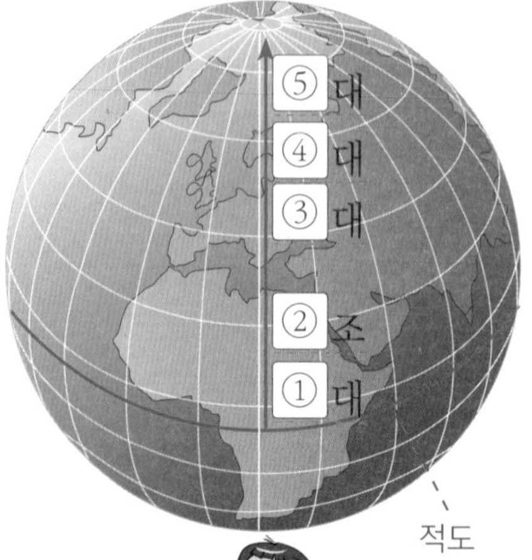

1 세계에는 모두 몇 가지 유형의 기후가 분포하고 있나요? □가지

2 적도를 따라 널리 나타나는 기후는 □□ 기후, 회귀선을 따라 가장 널리 나타나는 기후는 □□ 기후입니다.

3 위 지도를 바탕으로 적도에서 극지방으로 가면서 나타나는 기후를 순서대로 쓰세요.

①: □대 ②: □조 ③: □대 ④: □대 ⑤: □대

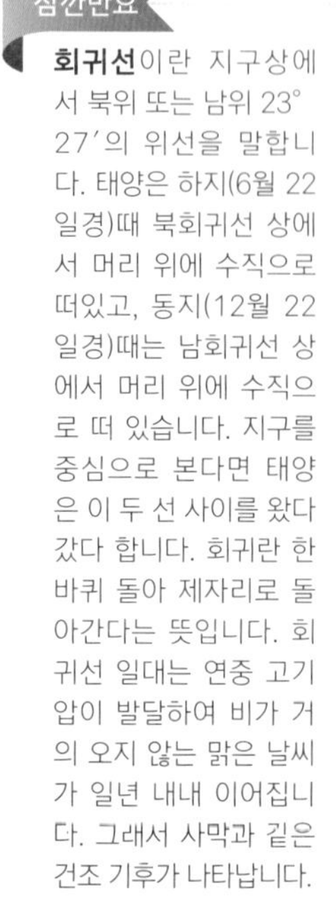

잠깐만요

회귀선이란 지구상에서 북위 또는 남위 23° 27′의 위선을 말합니다. 태양은 하지(6월 22일경)때 북회귀선 상에서 머리 위에 수직으로 떠있고, 동지(12월 22일경)때는 남회귀선 상에서 머리 위에 수직으로 떠 있습니다. 지구를 중심으로 본다면 태양은 이 두 선 사이를 왔다 갔다 합니다. 회귀란 한 바퀴 돌아 제자리로 돌아간다는 뜻입니다. 회귀선 일대는 연중 고기압이 발달하여 비가 거의 오지 않는 맑은 날씨가 일년 내내 이어집니다. 그래서 사막과 같은 건조 기후가 나타납니다.

잠깐만요

기후의 구분과 특징

① **열대** : 가장 추운 달의 기온이 18℃ 아래로는 떨어지지 않는 기후를 말합니다. 열대를 대표하는 야자수 나무는 최소한 18℃ 이상은 되어야 자라거든요.

② **건조** : 일 년 동안 내린 비와 눈을 모두 합쳐도 그 양이 500㎜가 안 되는 기후를 말합니다. 일 년에 적어도 500㎜ 이상의 비가 내려야만 나무가 자랄 수 있거든요.

③ **온대** : 가장 추운 달이 -3℃ 이상 되는 기후를 말합니다. 그 정도는 되어야 겨울이라 하더라도 땅이 완전히 얼지는 않거든요.

④ **냉대** : 가장 추운 달이 -3℃도 채 안 되고, 가장 더운 달이 10℃ 이상은 되는 기후랍니다. 겨울에 기온이 -3℃보다 낮으면 땅은 계속 얼어 있는 상태가 되고, 여름에 10℃ 이상이라면 나무가 자랄 수 있거든요.

⑤ **한대** : 가장 더운 달이 10℃도 채 안 되는 기후입니다. 여름 기온이 10℃도 안 되면 나무가 더 이상 자랄 수는 없거든요. 나무는 물이 너무 적어도, 온도가 너무 낮아도 자랄 수 없습니다.

이처럼 지구상의 기후는 식물이 자라는 데 꼭 필요한 기온과 강수량, 이 두 가지 기준을 가지고 나눈 것이랍니다.

14 열대 기후의 특성

열대 기후란 1년 열두 달 중에서 가장 추운 달의 평균 기온이 18℃ 이상이 되는 기후를 말합니다. 열대 기후 지역이란 열대 기후가 나타나는 땅 위의 범위를 말합니다. 열대 기후 지역에는 흥미로운 현상이 많답니다. 자, 그럼 열대 기후의 특성을 한번 살펴볼까요?

act 1 열대 기후의 분포 알아보기

다음 지도를 보고, 물음에 답하세요.

(가)

(나)

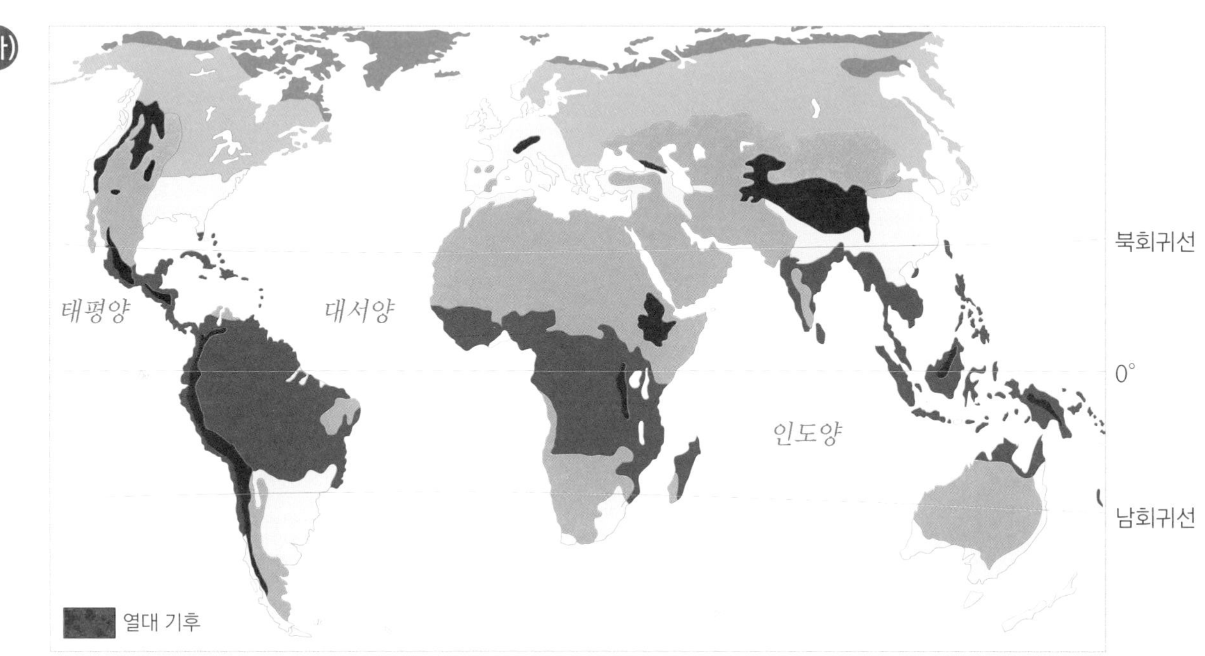

1 지도 (나)를 바탕으로 지도 (가)에 열대 기후가 나타나는 지역을 붉은 색으로 칠하세요.

2 지도 (가), (나)를 통하여 열대 기후는 □□(0°)를 중심으로 북반구와 남반구의 (저, 중, 고)위도(0~20°) 지역에 분포하고 있다는 것을 알 수 있습니다.

3 열대 기후는 구체적으로 (북부, 중부, 남부) 아프리카, 인도 및 □□ 아시아, 오스트레일리아 (북부, 중부, 남부), 중앙아메리카와 남아메리카의 □□□ 강 일대에 널리 나타나고 있습니다.

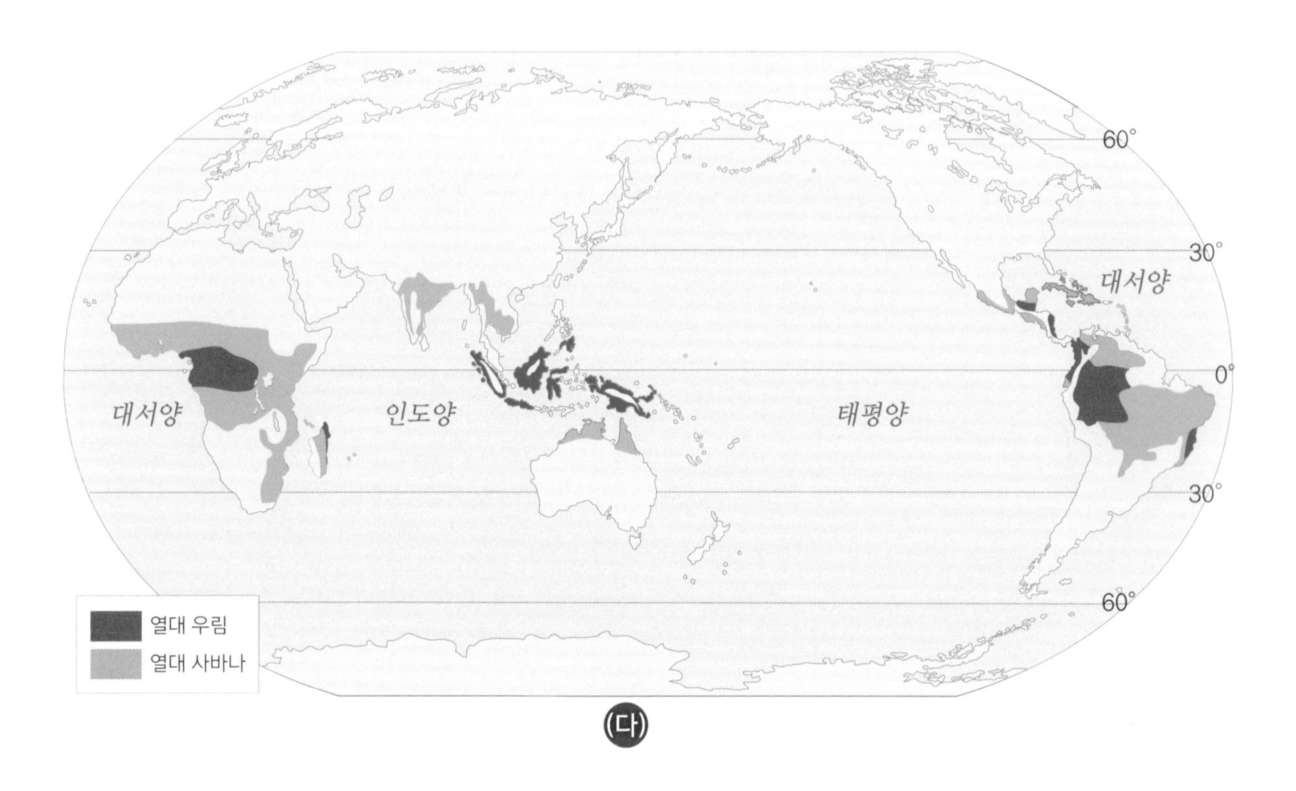

(다)

4 지도 (다)에서처럼 열대 기후는 크게 열대 ① □□ 기후와 열대 ② □□□ 기후로 나뉩니다.

5 위의 ①은 □□(0°) 일대에 분포하고, ②는 남쪽과 북쪽에서 ①기후를 대략 둘러싸고 나타납니다.

열대 기후 그래프 그리기

다음 표를 바탕으로 활동해보세요.

〈싱가포르의 기후 자료〉

구분 \ 월	1	2	3	4	5	6	7	8	9	10	11	12
기온(℃)	26.4	27.0	27.5	27.9	28.2	28.3	27.9	27.7	27.6	27.5	26.9	26.3
강수량(㎜)	184.8	120.2	138.1	122.9	170.4	137.0	159.8	156.3	191.4	134.1	272.5	299.8

〈다윈의 기후 자료〉

구분 \ 월	1	2	3	4	5	6	7	8	9	10	11	12
기온(℃)	28.2	28.1	28.1	28.4	27.2	25.3	24.9	26.1	27.9	29.1	29.3	28.9
강수량(㎜)	484.3	340.9	371.1	103.9	19.2	0.3	0.5	4.2	16.4	79.2	133.5	273.3

1 위 표를 바탕으로 싱가포르와 다윈의 기후 그래프를 완성하세요. 단, 기온은 꺾은선 그래프, 강수량은 막대그래프로 그리세요.

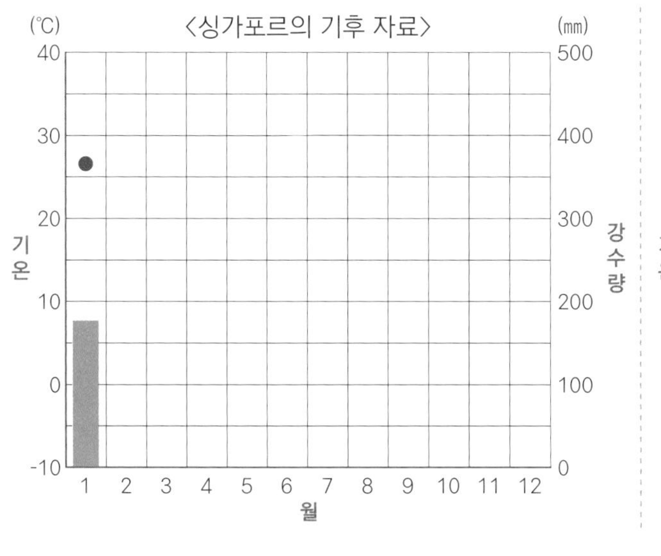

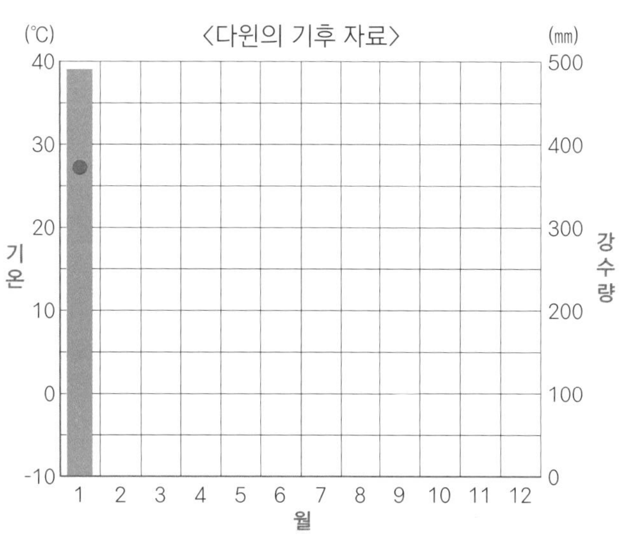

2 싱가포르는 일 년 내내 기온이 (낮, 높)고, 강수량도 매달 큰 차이 없이 많습니다. 이런 기후를 '열대 ☐☐(雨林, rain forest) 기후'라고 합니다. 우림이란 '비가 많은 숲'이란 뜻입니다.

3 오스트레일리아의 다윈도 일 년 내내 기온이 (낮, 높)지만, 강수량은 11월~4월까지는 많고 ☐월~☐☐월까지는 적습니다. 곧, 비가 많이 오는 계절인 ☐기(雨期, wet season)와 비가 거의 오지 않는 건기(乾期, dry season)가 반년씩 번갈아 나타납니다. 이런 기후를 '열대☐☐☐(savanna) 기후'라고 합니다. 사바나란 나무가 듬성듬성 있는 열대의 초원을 뜻합니다.

열대 우림과 사바나 기후의 특성 비교하기

다음 자료를 보고 추리하여 알맞은 말을 □ 안에 쓰거나 ○표 하세요.

(가) 말레이시아의 숲

(나) 케냐의 숲

1 사진 (가), (나)는 모두 열대 기후 지역의 모습입니다. 그렇지만 (가)에서는 크고 작은 나무가 (빽빽하게, 띄엄띄엄) 자리 잡은 □□(密林)이, (나)에서는 우산같이 생긴 나무가 (빽빽하게, 띄엄띄엄) 서있는 □□(草原)이 널리 나타납니다.

2 (가), (나) 지역은 모두 일 년 내내 기온은 (낮, 높)습니다. 그렇지만 숲의 모습에서 차이가 나타나는 까닭은 (가) 지역에서는 비가 (달마다 고루 많, 계절마다 차이가 크) 지만, (나) 지역에서는 (달마다 고루 많기, 계절마다 차이가 크기) 때문입니다. 곧, 같은 열대라고 하더라도 □□량에 따라 그 모습이 달라진다는 점을 알 수 있습니다.

(다) 나무늘보

(라) 얼룩말

3 사진의 배경으로 추측했을 때 (다)의 나무늘보는 열대 (우림, 사바나) 기후, (라)의 얼룩말은 열대 (우림, 사바나) 기후 지역에서 살고 있다고 볼 수 있습니다. 왜냐하면 열대 우림은 숲이 우거져 동물들이 (나무, 땅) 위에서, 열대 사바나는 초원이 발달하여 동물들이 (나무, 땅) 위에서 살아가기에 더 적당하기 때문입니다.

열대 우림의 특성 찾아보기

다음 자료를 보고, 알맞은 말을 □ 안에 쓰거나 ○표 하세요.

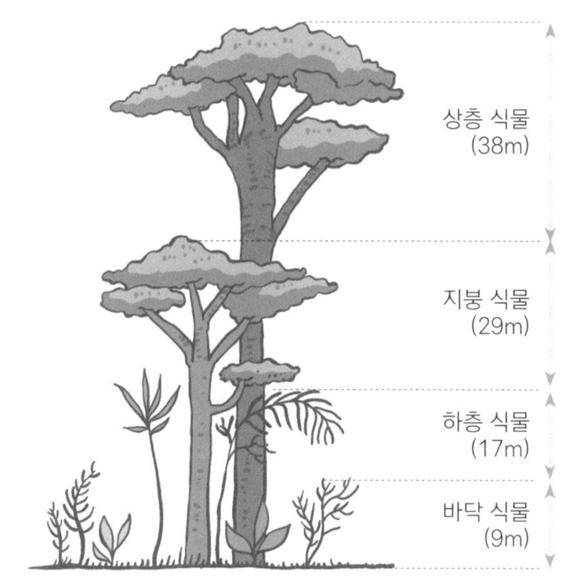

(가) 열대 우림의 구조

(나) 열대 기후 지역의 스콜 현상

1 열대 우림의 숲은 (가)처럼 대략 □개의 층을 이룹니다. 이 중에서 지붕 식물을 □□□(canopy)라고 하는데, 평균 높이가 □□m쯤 됩니다.

말레이시아에서는 여기에 산책길을 만들어 관광 상품으로 개발하고 있습니다.

2 싱가포르나 말레이시아처럼 (북극, 적도)에 가까운 나라를 여행할 때는 우산이 필요합니다. 왜냐하면 오후에 거의 매일 같이 한 차례씩 비가 내리기 때문입니다. 이것을 □□(squall) 현상이라고 합니다.

잠깐만요

스콜은 강한 햇볕으로 나뭇잎이나 땅 위의 물기가 증발하여 구름이 만들어지고 그것이 비가 되어 내리는 현상입니다.

3 사진 (다)처럼 열대 지방의 토양은 □□색을 띱니다. 왜냐하면 비가 자주 내리면서 물에 녹는 물질들은 씻겨 내려가고, 대신 물에 잘 녹지 않는 철분이나 알루미늄 성분만 남아 산소와 결합하기 때문입니다. 마치 철근이나 못이 시간이 지나면서 녹이 슬면 붉은 색을 띠는 것과 같은 이치입니다.

출처: Werner Schellmann

(다) 열대 지방의 토양

열대 사바나의 특성 찾아보기

다음 자료를 보고, 알맞은 말을 □ 안에 쓰거나 ○표 하세요.

(가)

(나)

1 두 사진은 나무가 드문드문 서있고, 키 큰 풀이 널리 나타나는 것으로 보아 열대 □□□ 기후 지역의 서로 다른 계절 모습을 나타냅니다. 특히, (가)는 (우기, 건기), (나)는 (우기, 건기)의 모습입니다.

2 이런 초원에는 영양, 얼룩말, 누 등 초식 동물과 그것을 먹이로 삼는 하이에나, 사자 등 □□ 동물이 많아 '야생 □□의 천국'을 이룹니다. 이곳은 자동차를 타고 다니며 차 안에서 구경하는 □□□(safari) 관광지로 개발되기도 합니다.

(다)

(라)

3 그림 (다), (라)는 열대 □□□ 기후 지역을 배경으로 삼고 있으며, (다)는 □기, (라)는 □기라고 추리할 수 있습니다.

열대 기후 지역의 인간 생활 탐구하기 Ⅰ

사진 (가) ~(나)는 열대 지방의 생산 활동 모습입니다. 알맞은 말을 □ 안에 쓰거나 ○표 하세요.

(가)

1 자료 (가)는 숲에 불(火)을 질러 없앤 자리에 농사를 짓기 위해 밭(田)을 만드는 모습입니다. 열대 지방은 □□ 현상으로 비가 자주 오기 때문에 나무가 사라진 맨땅의 흙속 영양분이 (쌓이면서, 씻기면서) 농사를 한 곳에 오래 머물며 짓기에 (불리, 유리)합니다. 그래서 얼마간 머무르다 이동하지 않을 수 없습니다.

이런 전통적인 농사 방식을 이동식 □□(火田) 농업이라고 합니다.

(나)

2 사진 (나)는 열대 지방에서 숲을 제거하고 한 가지 작물을 대규모로 재배하는 모습입니다. 이처럼 열대 지방에서 선진국의 자본 및 기술과 원주민의 노동력을 결합하여 상품 작물을 대규모로 재배하는 방식을 '□□□□□(plantation)' 농업이라고 합니다.

잠깐만요

열대 지역에서 플랜테이션 농업을 통해 대규모로 재배되는 작물에는 **커피**, **바나나**, **카카오**, **사탕수수** 등이 있습니다.

〈커피〉

〈바나나〉

〈카카오〉

〈사탕수수〉

열대 기후 지역의 인간 생활 탐구하기 2

다음 사진을 보고 추리하여 알맞은 말을 □ 안에 쓰거나 ○표 하세요.

(가)

(나)

1 사진 (가)는 (아마존, 베트남) 사람들의 옷차림, (나)는 (아마존, 베트남) 사람들의 옷차림입니다. 모두 □□ 기후 지역의 전통적인 옷차림입니다. (가)처럼 맨살을 많이 드러내는 까닭은 높은 (습도, 햇볕)(으)로부터, (나)처럼 얇은 흰 천을 쓰는 까닭은 강한 (습도, 햇볕)(으)로부터 몸을 보호하기 위한 것입니다.

(다)

(라)

2 사진 (다)와 (라)에 나타난 집의 공통점은 집을 (땅에 붙여서, 땅바닥으로부터 띄워서) 짓는다는 점입니다. 이렇게 하면 (바람을 잘 막는, 바람이 잘 통하는) 효과가 나타나고, 땅의 열기나 습기를 (늘, 줄)일 수 있으며, 해로운 벌레들으로부터도 (보호, 피해) 받을 수 있습니다.

잠깐만요

땅에 띄워서 짓는 집을 '**고상(高床) 가옥**'이라고 합니다. 고상 가옥은 지붕의 기울기가 급하다는 점도 공통점입니다. 이러한 지붕의 특징은 비가 많이 내리므로 빗물이 잘 빠지도록 하기 위한 것입니다.

15 건조 기후의 특성

건조 기후란 연강수량이 500mm 미만인 기후를 말합니다. 즉, 일 년 열두 달 동안 내린 강수량을 모두 합쳐도 500㎜가 안 되는 기후입니다. 건조 기후 지역이란 건조 기후가 나타나는 땅 위의 범위를 말합니다. 그럼 건조 기후의 특성을 한번 살펴볼까요?

act 1 건조 기후의 분포 알아보기

다음 지도를 보고, 물음에 답하세요.

(가)

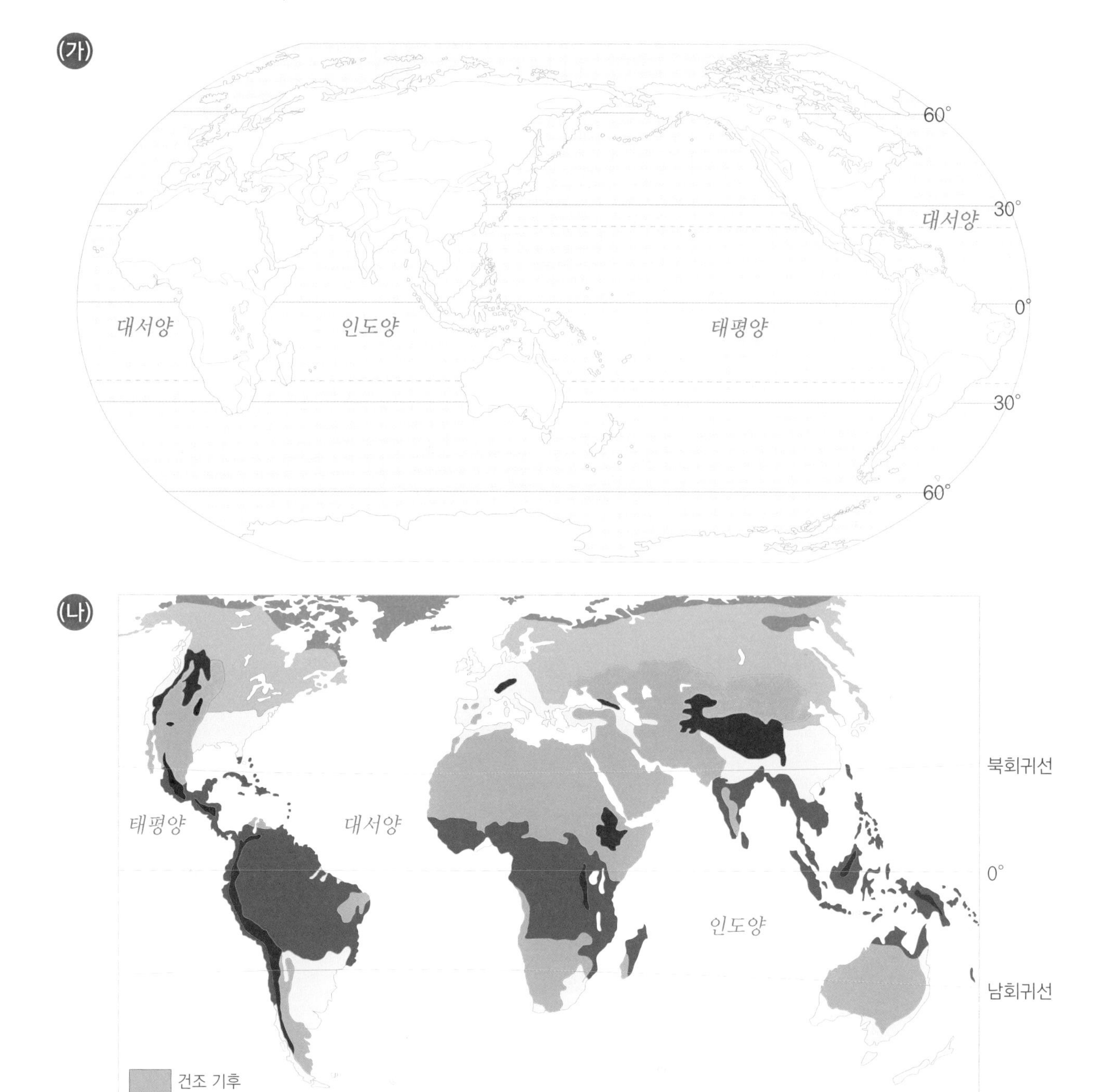

1 지도 (나)를 바탕으로 지도 (가)에 건조 기후가 나타나는 지역을 **주황색**으로 칠하세요.

2 지도 (가), (나)를 바탕으로 건조 기후는 □□□선(23°N)과 □□□선(23°S)을 중심으로 분포하고 있다는 것을 알 수 있습니다.

3 건조 기후는 구체적으로 아프리카의 (북부, 중부, 남부), 중동과 □앙 아시아, 오스트레일리아의 (북부, 중서부, 동부), 북아메리카의 (서부, 동부), 남아메리카의 (서부, 동부) 일대에 널리 나타납니다.

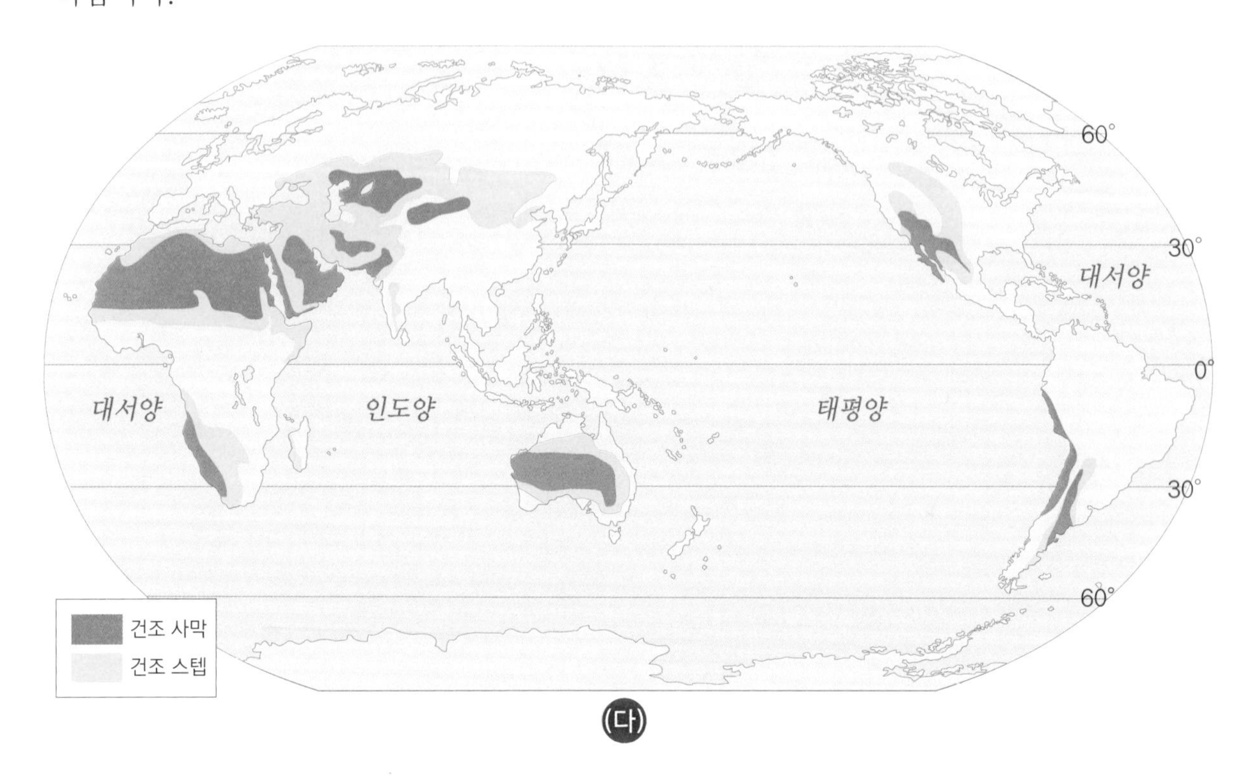

(다)

4 지도 (다)에서처럼 건조 기후는 크게 ① 건조 □□ 기후와 ② 건조 □□ 기후로 나뉩니다.

5 위의 ①은 □□선(23°)을 따라 분포하고, ②는 대략 ①기후를 둘러싸고 나타납니다.

건조 기후 그래프 그리기

다음 표를 바탕으로 활동해보세요.

〈카이로의 기후 자료〉

구분 \ 월	1	2	3	4	5	6	7	8	9	10	11	12
기온(℃)	14.0	15.2	17.6	21.8	24.7	27.4	28.0	27.9	26.4	24.0	19.1	15.0
강수량(㎜)	5.3	4.3	5.2	1.4	0.2	0.0	0.0	0.0	0.0	0.2	2.7	7.3

〈울란바토르의 기후 자료〉

구분 \ 월	1	2	3	4	5	6	7	8	9	10	11	12
기온(℃)	-22.3	-17.2	-9.0	0.9	9.4	14.4	16.9	15.1	8.3	-0.3	-12.2	-19.9
강수량(㎜)	1.9	2.9	3.3	10.0	14.0	49.5	69.5	79.9	33.5	9.9	4.4	2.9

1 위 표를 바탕으로 카이로와 울란바토르의 기후 그래프를 완성하세요. 단, 기온은 꺾은선 그래프, 강수량은 막대그래프로 그리세요.

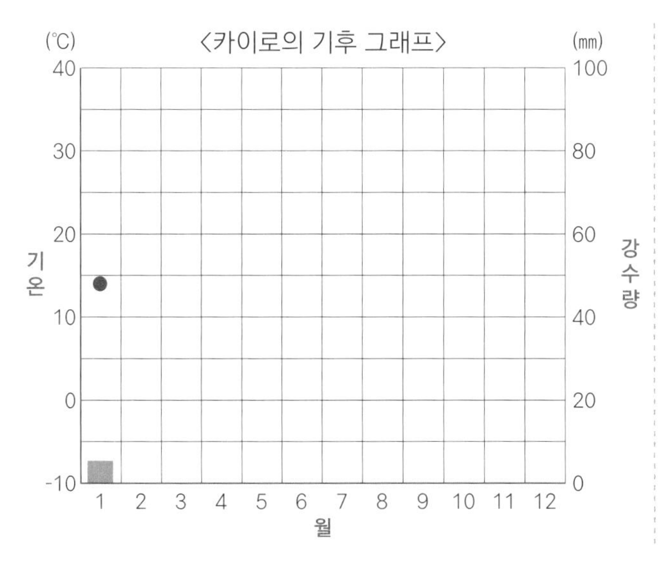

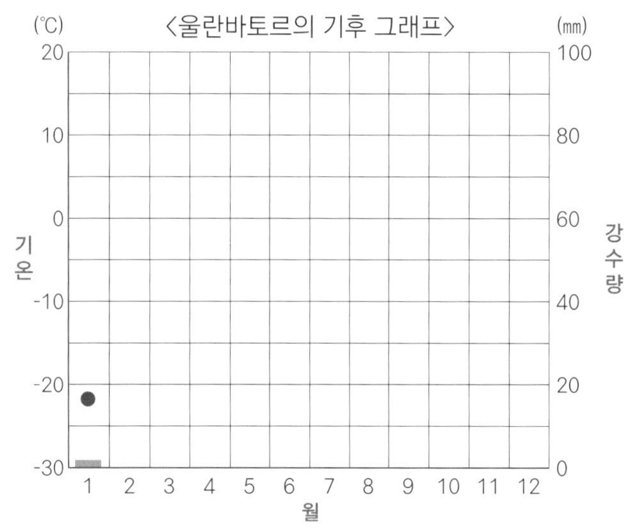

2 이집트의 카이로는 일 년 동안 강수량이 전혀 없는 달도 □ 개월이나 됩니다. 이처럼 일 년 동안에 내린 강수량을 모두 합쳐 250㎜도 채 되지 않는 기후를 '□□(砂漠, desert) 기후'라고 합니다.

3 몽골의 울란바토르는 일 년 동안 내린 강수량이 사막 기후보다 (적, 많)습니다. 이처럼 일 년 동안에 내린 강수량을 모두 합쳐 250㎜~500㎜ 미만인 기후를 '□□(steppe) 기후'라고 합니다. 강수량으로 미루어 보아 열대 초원인 사바나의 풀은 키가 크지만, 건조 초원인 스텝의 풀은 (작을, 클) 것이라고 추리할 수 있습니다.

act 3 사막 기후와 스텝 기후의 특성 비교하기

다음 자료를 보고, 알맞은 말을 □ 안에 쓰거나 ○표 하세요.

(가) 이집트의 사막

(나) 몽골의 초원

1 사진 (가), (나)는 모두 건조 기후 지역의 모습입니다. 그렇지만 (가)에서는 모래로 이루어진 □□(沙漠)이, (나)에서는 키 작은 풀밭으로 이루어진 □□(草原)이 널리 나타납니다.

2 (가), (나) 지역은 모두 일 년 내내 강수량이 적습니다. (가) 지역에서는 일 년 강수량이 (250㎜ 미만, 250㎜~500㎜ 미만)이지만, (나) 지역에서는 (250㎜ 미만, 250㎜~500㎜ 미만)입니다.

(다)

(라)

3 사진의 배경으로 보았을 때, (다)의 낙타는 주로 (사막, 스텝) 기후, (라)의 말은 주로 (사막, 스텝) 기후 지역에 잘 적응하는 가축으로 볼 수 있습니다.

잠깐만요

사막화와 스텝 기후 지역의 축소

사막화란 가뭄이나 건조화 등의 기상 변화가 오랜 기간 지속되어 나무나 풀 등이 말라죽고 토양이 건조해지는 현상을 말합니다. 특히 사막을 둘러싸고 있는 스텝 기후 지역의 사막화가 심각한데, 몽골의 경우 전 국토의 78%가 현재 사막화됐거나 사막화 위기에 처해있다고 합니다. 몽골의 사막화는 황사 발생 빈도를 높혀 중국은 물론 우리나라에도 영향을 미치고 있습니다.

사막의 종류 알아보기

다음 자료를 보고, 알맞은 말을 □ 안에 쓰거나 ○표 하세요.

(가)

(나)

1 사진 (가)는 (모래, 암석) 사막을, (나)는 (모래, 암석)을 나타냅니다. 세계 전체를 볼 때, 모래 사막보다 암석 사막의 면적이 더 넓습니다.

(다)

(라)

2 그림 (다), (라)의 기후는 밤하늘에 별이 반짝이는 모습이나 땅의 모습을 통하여 모두 □□(乾燥) 기후라고 추리할 수 있습니다.

3 땅의 모습을 바탕으로 주인공이 탄 양탄자는 (다)에서는 (모래, 암석) 사막, (라)에서 는 (모래, 암석) 사막 위를 날고 있다는 것을 알 수 있습니다. 두 그림 중 오아시스가 나타나 있는 것은 □ 입니다.

(마)

4 사진 (마)는 미국의 서부를 배경으로 하는 영화, 즉 서부 영화를 찍는 세트장의 모습입니다. 따라서 미국 서부에는 □□(乾燥) 기후가 널리 나타난다고 추측할 수 있습니다.

act 5 건조 기후 지역의 인간 생활 탐구하기 I

다음 사진은 건조 기후 지역의 생산 활동 모습입니다. 알맞은 말을 □ 안에 쓰거나 ○표 하세요.

(가) 대추야자 재배

(나) 유목(遊牧)

(다) 밀농사

1 사진 (가)처럼 사막 지역에서도 □□□스의 물을 이용하여 밀, 대추야자 등을 생산합니다. 이를 □□□스 농업이라고 합니다.

2 (나)는 스텝 기후 지역에서 물과 풀밭을 찾아 옮겨다니며 가축을 기르는 □□ 활동을 보여줍니다.

> **잠깐만요**
> **유(遊)**는 '떠돌다'는 뜻이고 **목(牧)**은 '가축을 기른다'는 의미입니다.

3 (다)는 스텝 기후 지역에서 시장에 내다 팔기 위해 밀을 대규모로 재배하는 모습입니다. 이러한 농업을 (자급자족적, 상업적) 농업이라고 합니다.

4 사막 지역에서는 가볍고 값이 비싼 특산물이나 상품을 □□ 등에 싣고 상인이 무리를 지어 오아시스 도시와 오아시스 도시 사이를 다니면서 장사하는 활동이 전통적으로 이루어져 왔습니다. 이러한 상업 활동을 □□(隊商, caravan)이라고 합니다. 대(隊)는 '무리'를, 상(商)은 '장사'를 뜻합니다.

건조 기후 지역의 인간 생활 탐구하기 2

다음 자료를 보고, 알맞은 말을 □ 안에 쓰거나 ○표 하세요.

(가)

(나)

1 자료 (가), (나)는 건조 기후 지역의 전통적인 옷차림입니다. 남녀 복장 모두가 □□를 두건으로 감싸고 있고, 헐렁한 (투피스, 통옷) 형태입니다. 이것은 강한 (습도, 햇볕)(으)로부터 몸을 보호하고, 수분이 몸으로부터 빠져나가는 것을 (촉진, 방지)하는 효과가 있습니다. 그리고 모래 먼지를 털어내기도 (유리, 불리)한 형태입니다.

(다)

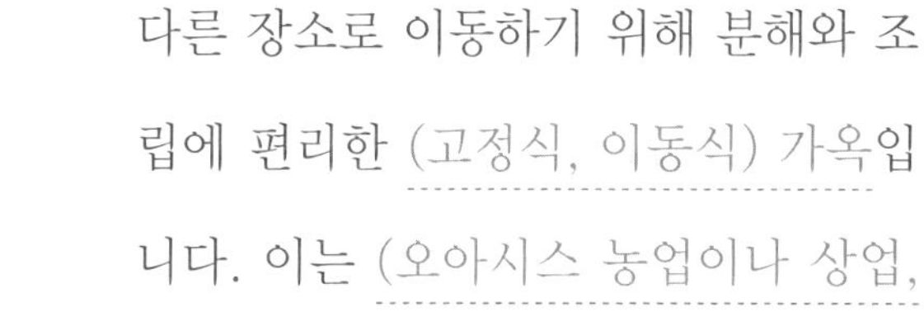

2 사진 (다)는 천막집으로서 한 장소에서 다른 장소로 이동하기 위해 분해와 조립에 편리한 (고정식, 이동식) 가옥입니다. 이는 (오아시스 농업이나 상업, 유목) 활동과 관계가 깊습니다.

(라)

3 사진 (라)는 (오아시스 농업이나 상업, 유목) 활동과 깊은 관계가 있습니다. 창문 크기는 대체로 (작, 크)고 그 수도 적습니다. 그리고 열대 기후 지역의 가옥들과는 달리 지붕 경사가 (급, 평평)합니다. □볕이 강하고 □가 거의 내리지 않는 자연환경의 특성과 관계가 깊습니다.

16 온대 기후의 특성

온대 기후란 일 년 중에서 가장 추운 달의 평균 기온이 -3℃ 이상인 기후를 말합니다. 온대 기후는 사계절이 뚜렷합니다. 온대 기후 지역은 온대 기후가 나타나는 땅 위의 범위를 말합니다. 그럼 온대 기후의 특성을 한번 살펴볼까요?

act 1 온대 기후의 분포 알아보기

다음 지도를 보고, 활동하거나 알맞은 말에 ○표 하세요.

(가)

(나)

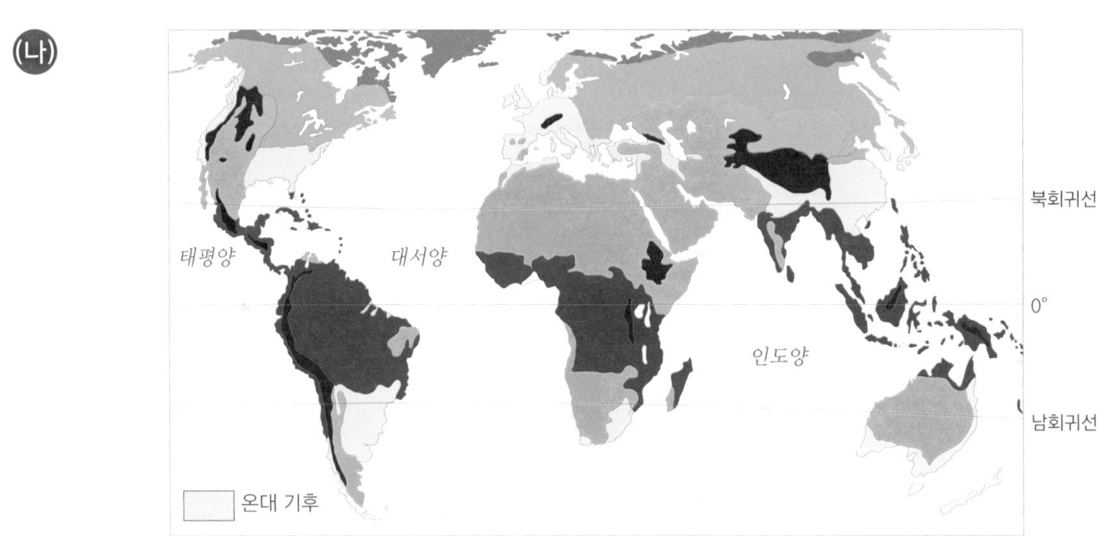

1 지도 (나)를 바탕으로 지도 (가)에 온대 기후가 나타나는 지역을 노랑색으로 칠하세요.

2 지도 (가), (나)를 바탕으로 온대 기후는 대략 (저, 중, 고)위도 일대에 각 대륙마다 분포하고 있다는 것을 알 수 있습니다.

온대 기후 특성 살펴보기 1 - 서안해양성 기후

다음 자료를 보고, 활동하거나 물음에 답하세요.

(가)

1 지도 (가)에서처럼 유럽의 (북부, 중서부, 남부), 캐나다의 (서부, 동부), 남아메리카의(남서부, 북동부), 아프리카의 (북서부, 남동부), 오스트레일리아의 (북서부, 남동부), 그리고 뉴☐☐☐ 등에 주로 나타나는 기후를 ☐☐☐☐☐ 기후라고 합니다.

2 표를 바탕으로 영국 런던의 기후 그래프를 완성하세요. 단, 기온은 꺾은선 그래프, 강수량은 막대그래프로 그리세요.

〈런던의 기후 자료〉

구분 \ 월	1	2	3	4	5	6	7	8	9	10	11	12
기온(℃)	4.4	4.4	6.4	8.2	11.6	14.5	17.1	16.8	13.9	10.7	7.0	5.3
강수량(㎜)	83.5	51.8	59.9	51.1	49.8	58.7	42.6	52.7	63.2	78.5	75.8	83.1

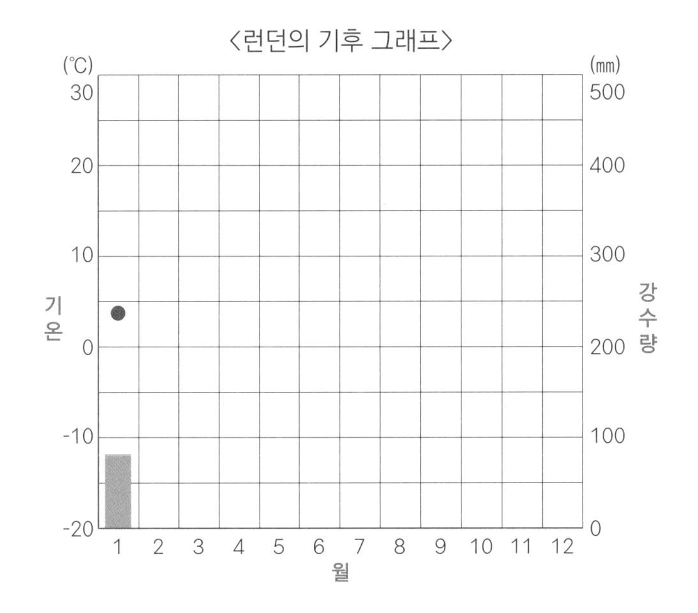

3 영국 런던은 달마다 강수량이 (비교적 고르게, 여름에 집중하여) 내립니다. 그리고 가장 추운 달인 1월 평균 기온도 (영하, 영상)이고, 가장 더운 달인 7월 평균 기온은 ☐☐.1℃ 정도로서 우리나라의 가을 날씨와 비슷합니다.

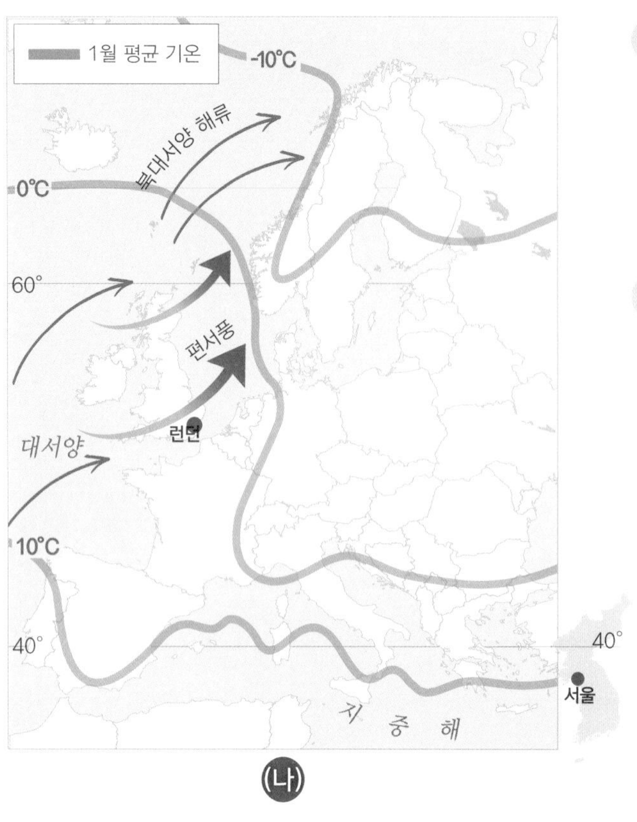

(나)

4 런던은 서울보다 훨씬 (북, 남)쪽에 위치합니다. 그런데 서울의 1월 평균 기온은 약 -3℃정도이지만, 런던은 약 4℃ 정도로 서울보다 □℃나 더 높아 따뜻합니다.

5 그 까닭은 지도 (나)처럼 유럽 대륙 □쪽에 따뜻한 □□□□ 해류가 흐르고, □□풍이 따뜻하고 습한 공기를 유럽에 실어오기 때문입니다.

잠깐만요

달마다 강수량이 고르고 여름이 서늘한 기후를 **'서안해양성(西岸海洋性) 기후'**라고 합니다. 이는 유라시아 대륙의 **서**쪽 연**안**에서 **해양**(바다)의 **성**질을 닮아 계절마다 기온의 차이가 크지 않고 강수량도 고르게 나타나는 기후라는 뜻입니다.

(다)

(라)

6 그래서 유럽은 사진 (다)처럼 □□ 낀 날이 많고, □ 내리는 날도 많아서 사진 (라)처럼 □□ 코트(rain coat) 옷이 발달합니다.

(마)

7 연중 비가 고르게 내리면서 강물의 수위 변화가 크지 않아 사진 (마)처럼 내륙 수로 교통이 발달하기에는 (불리, 유리)합니다.

온대 기후 특성 살펴보기 2 – 지중해성 기후

다음 자료를 보고, 활동하거나 물음에 답하세요.

(가)

1 지도 (가)처럼 유럽의 (북부, 중서부, 남부)와 아프리카의 (중부, 남단), 북아메리카 및 남아메리카의(서부, 동부), 오스트레일리아의 (북동부, 남서부) 등에 주로 나타나는 기후를 ☐☐☐성 기후라고 합니다.

2 표를 바탕으로 이탈리아 로마의 기후 그래프를 완성하세요. 단, 기온은 꺾은선 그래프, 강수량은 막대그래프로 그리세요.

〈로마의 기후 자료〉

구분 \ 월	1	2	3	4	5	6	7	8	9	10	11	12
기온(℃)	8.4	9.0	10.9	13.2	17.2	21.0	23.9	24.0	21.1	16.9	12.1	9.4
강수량(㎜)	74.0	73.9	60.7	60.0	33.5	21.4	8.5	32.7	74.4	98.2	93.3	86.3

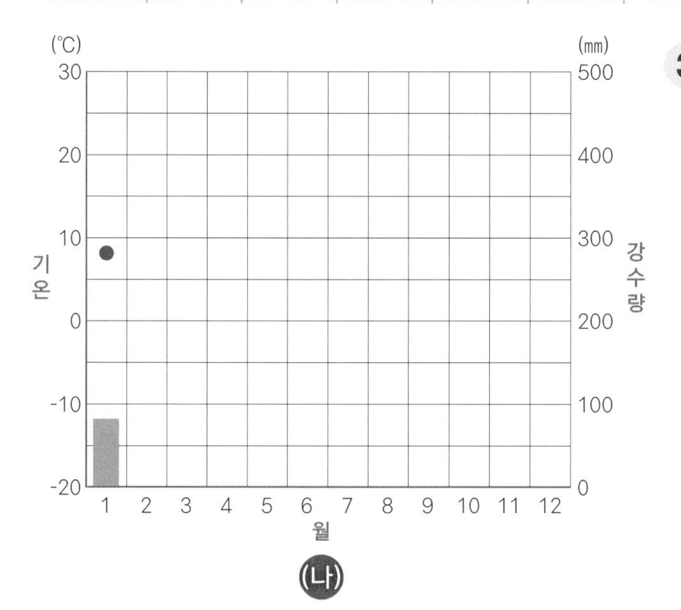

(나)

3 로마는 그래프 (나)에서처럼 1월 강수량이 ☐☐.0㎜, 7월 강수량은 ☐.5㎜로서 오히려 ☐☐철에 강수량이 적고, 겨울철에 강수량이 (적, 많)은 특성이 나타납니다. 그 까닭은 여름철에는 사하라 사막을 만든 메마른 공기덩어리가 북쪽으로 세력을 키우면서 그 영향을 받기 때문입니다. 이러한 특성은 지중해 바닷가를 따라 잘 나타나기 때문에 ☐☐☐성 기후라고 부릅니다.

(다) 그리스 산토리니

(라) 이탈리아 가정집의 창문

4 그래서 지중해 지방의 가옥들은 뜨거운 여름 햇살을 반사시키기 위해 사진 (다)처럼 벽에 □색을 칠한 집이나, 여름 햇살과 열기를 차단하기 위해 (라)처럼 '□문'을 단 집이 많습니다. 이것은 문짝 바깥쪽에 '덧'다는 문을 말합니다.

(마) 미국 산타바버라

(바) 미국 산타바버라

5 사진 (마), (바)는 지중해성 기후가 나타나는 미국 산타바버라 어느 장소의 두 계절 모습입니다. (마)는 하늘이 (맑고, 흐리고) 풀이 말라 있지만, (바)는 하늘이 흐리고 풀이 (말라 있습, 싱싱합)니다. 그렇다면 (마)는 (여름철, 겨울철) 모습이고, (바)는 (여름철, 겨울철) 모습이라고 추측할 수 있습니다.

(사) 올리브 밭

6 지중해 지방에서는 사진 (사)와 같은 □□□, 오렌지, 코르크, 포도, 무화과 등을 널리 재배합니다. 이들은 기온이 높고 강수량이 적은 여름철에 잘 적응합니다. 이러한 작물을 재배하는 농업을 지중해식 □□(樹木) 농업이라고 합니다. 나무 '수(樹)', 나무 '목(木)' 자를 씁니다.

act 4 열대, 건조, 온대 기후의 특성 비교하기

그림 (가) ~ (다)는 각각 열대, 건조, 온대 기후 중 하나를 배경으로 삼았습니다. 사진을 보고, 알맞은 말을 □ 안에 쓰세요.

(가)

(나)

①

②

③

④

(다)

1 사진 (가)는 □□ 기후를 배경으로 삼고 있습니다. 그것은 키가 서로 다른 나무숲이 울창한 □□(密林), 주인공의 복장 등을 통하여 알 수 있습니다.

2 사진 (나)는 □□ 기후를 배경을 삼고 있습니다. 그것은 등짐을 실어 나르는 데 쓰이는 □□, 주인공의 복장, 그리고 □□ 사막을 통하여 알 수 있습니다.

3 사진 (다)는 □□ 기후를 배경으로 삼고 있습니다. 그것은 4□□(季節)이 서로 바뀌는 것을 통하여 알 수 있습니다. 그것을 봄부터 순서대로 정리하면, ④ → □ → □ → □입니다.

냉대 기후의 특성

냉대 기후란 일 년 중에서 가장 추운 달의 평균기온이 -3℃ 미만이고, 가장 더운 달의 평균기온이 10℃ 이상인 기후를 말합니다. 냉대 기후도 온대 기후처럼 사계절이 비교적 뚜렷합니다. 냉대 기후 지역은 냉대 기후가 나타나는 땅 위의 범위를 말합니다. 그럼 냉대 기후의 특성을 한번 살펴볼까요?

act 1 냉대 기후의 분포 알아보기

다음 지도를 보고, 지시에 따라 활동하거나 알맞은 말에 ○표 하세요.

(가)

(나)

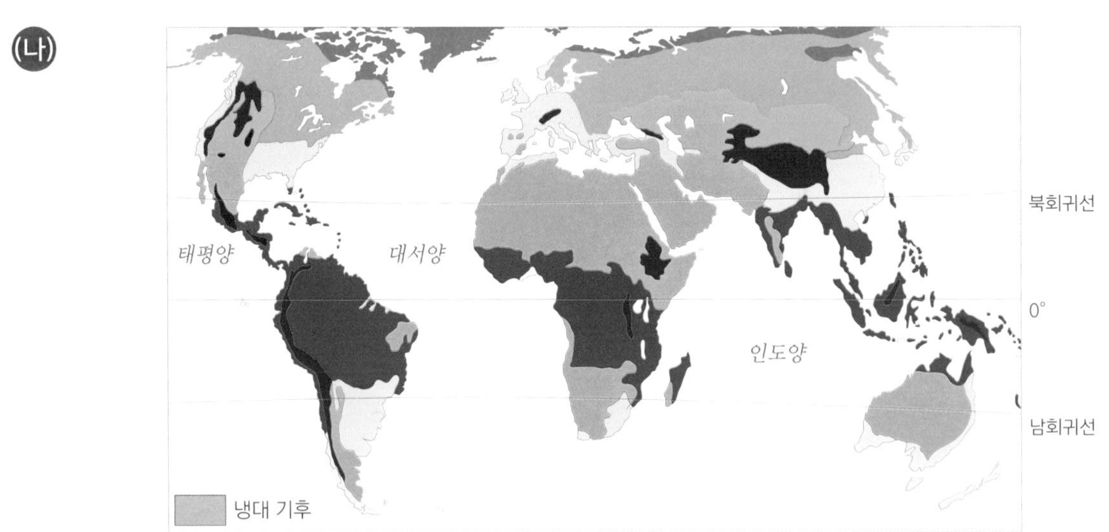

1 지도 (나)를 바탕으로 지도 (가)에 냉대 기후가 나타나는 지역을 연녹색으로 칠하세요.

2 지도 (가), (나)를 바탕으로 냉대 기후는 (북, 남)반구에 분포하며, 주로 (저위도 ~ 중위도, 중위도~고위도) 일대에 분포하고 있다는 것을 알 수 있습니다.

냉대 기후의 특성 살펴보기

다음 자료를 보고, 활동하거나 물음에 답하세요.

(가) 냉대 기후 지역의 분포

1 지도 (가)에서처럼 냉대 기후는 대략 북반구의 (저위도 ~ 중위도, 중위도 ~ 고위도)사이에 분포하고, (북, 남)반구에는 거의 나타나지 않습니다. 구체적으로는 유럽의 (북부, 남부), 러☐☐, 미국의 알☐☐☐, 캐☐☐ 등에서 주로 나타납니다.

2 지도 (가)와 그래프 (나)를 바탕으로 1월 평균 기온은 (A)지역보다 (B)지역이 더 (낮, 높)고, 강수량은 (A)지역보다 (B)지역이 (연중 고른 편, 겨울엔 적고 여름엔 많은 편) 이라는 점을 알 수 있습니다.

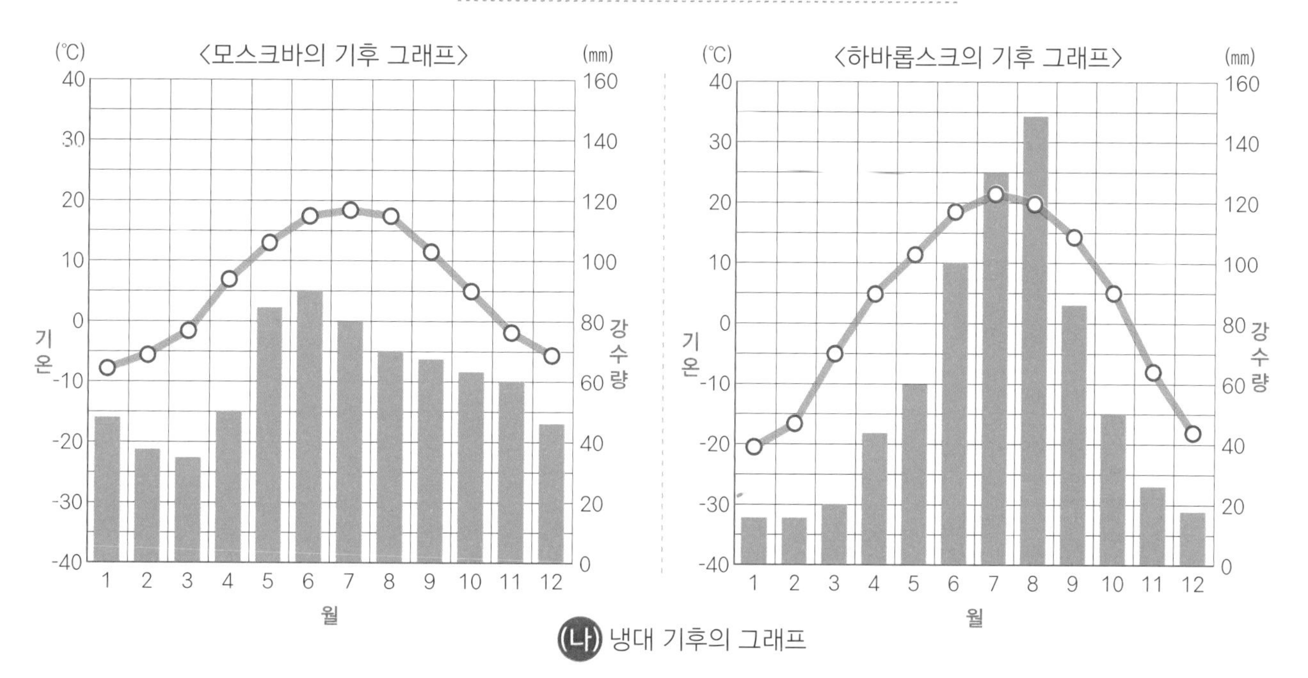

(나) 냉대 기후의 그래프

냉대 기후 지역의 주요 생산 활동 살펴보기

다음 사진을 보고, 알맞은 말을 □ 안에 쓰거나 ○표 하세요.

(가)

(나)

1 관계 깊은 것끼리 이어보세요.

	잎 모양	나무 무리	※ 바늘 침(針) 넓은 활(闊) 잎 엽(葉)
(가) ●	● 넓다 ●	● 침엽수	
(나) ●	● 뾰족하다 ●	● 활엽수	

(다) 냉대의 숲(타이가)

(라)

2 그렇다면 사진 (다), (라)를 바탕으로 냉대 기후 지역의 나무는 주로 □엽수로 이루어져 있고, 나무가 (꾸불꾸불, 곧게) 뻗어 있으며, 숲은 (여러 가지, 한 가지) 종류의 나무로 이루어져 있다는 점을 알 수 있습니다. 이런 숲을 □□□(Taiga)라고 합니다.

(마)

3 그래서 냉대 지역에서는 사진 (마)와 같이 나무를 베어 목재를 만드는 (농업, 임업)이 발달하기에 유리합니다.

냉대 기후 지역의 인간 생활 탐구하기

다음 사진을 보고, 알맞은 말을 □ 안에 쓰거나 ○표 하세요.

(가) 핀란드 로바니에미의 산타 마을

1 사진 (가)를 바탕으로 핀란드의 산타 마을은 '□□ 기후'에 속한다는 것을 알 수 있습니다. 그 증거로는 하얀 □, 산타 마을을 둘러싸고 있는 □□□ 숲을 들 수 있습니다.

(나)

2 사진 (나)는 대서양 북쪽의 섬나라 아이□□□의 전통 가옥인 잔디 지붕집입니다. 이런 집은 (보온, 통풍) 효과를 높일 수 있는 장점이 있습니다.

(다)

3 사진 (다)는 러시아의 시베리아 지방에서 흔히 볼 수 있는 전통 가옥인 이즈바의 모습입니다. 이 집의 주요 재료는 □□입니다. 이 일대에는 □□□림이 널리 나타나기 때문에 그러한 재료를 쉽게 구할 수 있다는 장점이 있습니다.

18 한대 기후의 특성

한대 기후란 일 년 중 가장 따뜻한 달의 평균 기온이 10℃를 넘지 않는 기후를 말합니다. 한대 기후 지역은 한대 기후가 나타나는 땅위의 범위를 말합니다. 그럼 한대 기후의 특성을 한번 살펴볼까요?

act 1 한대 기후의 분포 살펴보기

다음 지도를 보고, 물음에 답하세요.

(가)

(나)

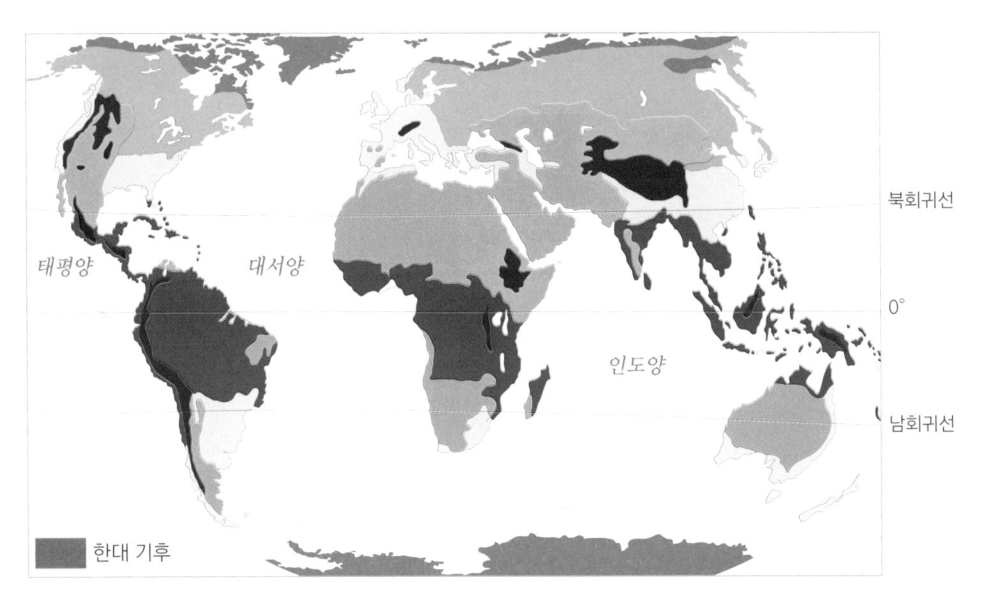

1 지도 (나)를 바탕으로 지도 (가)에 한대 기후가 나타나는 지역을 짙은 녹색으로 칠하세요.

2 지도 (가), (나)를 바탕으로 한대 기후는 ☐극해 주변과 남극을 중심으로 분포하고 있다는 것을 알 수 있습니다.

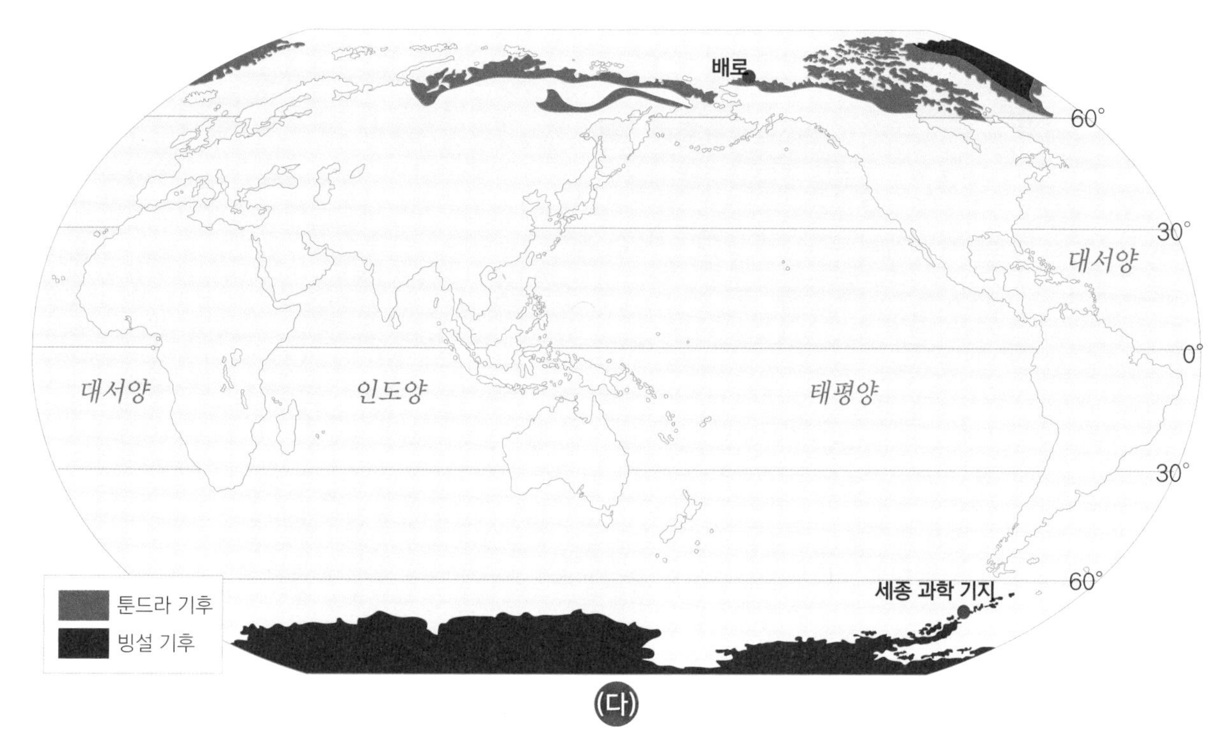

(다)

3 지도 (다)에서처럼 한대 기후는 크게 ① ☐☐☐ 기후와 ② ☐☐ 기후로 나뉩니다.

4 위의 ① 기후는 러시아 및 캐나다의 ☐☐해 주변, 그린란드 해안, ② 기후는 그린란드 내륙, ☐극 대륙에 나타납니다.

잠깐만요

'툰드라(tundra)'란 말은 북유럽의 핀란드 북부 지역에 사는 랍족(Lapps)의 말인 'tunturi'에서 나왔다고 합니다. 이 말이 러시아어로 음역되어서 현재의 툰드라가 되었습니다. 툰드라는 '나무가 없는 땅, 추운 황무지'라는 뜻을 갖고 있습니다.

〈핀란드의 위치〉

한대 기후 그래프 그리기

다음 표를 바탕으로 활동해보세요.

〈배로의 기후 자료〉

구분 \ 월	1	2	3	4	5	6	7	8	9	10	11	12
기온(℃)	-25.4	-26.7	-25.4	-18.1	-6.6	1.7	4.7	3.8	-0.4	-9.7	-18.3	-23.7
강수량(㎜)	3.1	3.1	2.4	3.1	3.2	8.0	22.2	26.4	17.5	10.0	4.1	3.2

1 위 표를 바탕으로 배로의 기후 그래프를 완성하세요. 단, 기온은 꺾은선 그래프, 강수량은 막대그래프로 그리세요.

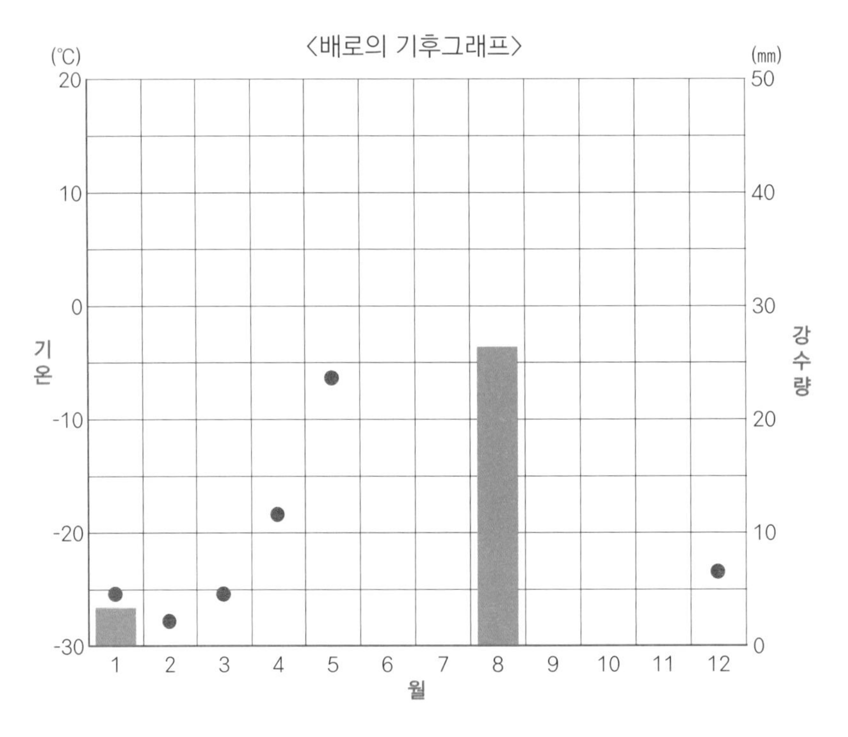

2 미국 알래스카의 배로는 일 년 동안 평균 기온이 영하로 떨어지는 달이 [ ]개월이나 계속되고 기온이 가장 높은 달의 평균 기온도 [ ].7℃에 지나지 않습니다. 이처럼 일 년 중 가장 더운 달의 평균 기온이 10℃ 미만인 기후를 '[ ][ ](寒帶) 기후'라고 합니다.

잠깐만요

빙하가 녹고 있어요!

한대 기후 지역에서 볼 수 있는 빙하가 자꾸만 줄어들고 있습니다. 빙하 얼음이 녹고 있기 때문인데요. 빙하 얼음이 녹는 이유는 지구 온난화에 의한 기온 상승, 해양심층수나 지구 자전축의 변화 등을 들 수 있습니다.

빙하 얼음이 녹으면 가장 큰 문제가 해수면의 상승인데요. 극지방의 빙하 얼음이 모두 녹으면 해수면이 60m나 상승해 많은 섬들이 사라지고 서울도 물에 잠긴다고 합니다.

〈빙하 얼음〉

툰드라 기후와 빙설 기후의 특성 비교하기

다음 자료를 보고, 알맞은 말을 □ 안에 쓰세요.

(가) 알래스카

(나) 남극

1 사진 (가), (나)는 모두 한대 기후 지역의 모습입니다. 그런데 한대 기후는 (가)처럼 짧은 여름 동안 이끼나 키 작은 풀들이 자라는 □□□(tundra) 기후, (나)처럼 일 년 내내 얼음으로 덮여있는 □□(氷雪) 기후로 나뉩니다.

(다)

(라)

(마)

2 서로 관계 깊은 것끼리 이어보세요.

	동물 이름	서식지	기후
(다) ●	● 북극곰 ●	● 남극 ●	● 빙설
(라) ●	● 엘크 사슴 ●		
(마) ●	● 펭귄 ●	● 북극해 주변 ●	● 툰드라

툰드라 기후 지역의 특성 탐구하기

다음 자료를 보고, 알맞은 말을 □ 안에 쓰거나 ○표 하세요.

① 활동층

② 영구동토층

(가) 툰드라 지역의 땅속 모습

출처: Scott Dallimore

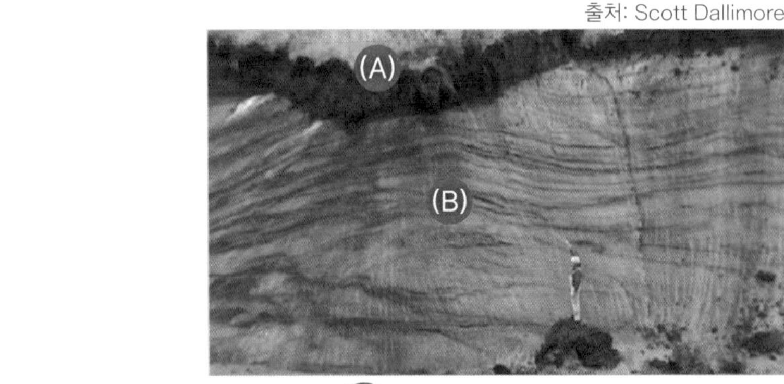

(나) 툰드라 지역의 땅속 모습

1 그림 (가)는 툰드라 지역의 땅속 모습입니다. 서로 관계 깊은 것끼리 이어보세요.

① • • 일 년 내내 얼어 있는 토양층

② • • 여름에 일시적으로 녹는 토양층

2 그림 (가)를 바탕으로 사진 (나)에서 (A)는 □□층, (B)는 □□□□층이라는 것을 알 수 있습니다.

3 만일 열이 (B)까지 전달된다면 (B)는 어떻게 될까요? (더 단단해집니다. 녹아버립니다.)

(다)

출처: R. Fraser

(라)

4 사진 (다), (라)는 툰드라 지역에 건설된 철도와 도로가 시간이 지나면서 나타난 변화입니다. 어떻게 달라졌고, 왜 그럴까요?

"철도는 (원래 그대로 곧은 모습, 엿가락처럼 휘어진 모습) 으로, 도로는 (원래 그대로 평평한 모습, 울퉁불퉁하게 변형된 모습)으로 달라졌습니다. 그 까닭은 기차가 철길을 달리면서 마찰열이 땅속까지 전달되고, 검은 색의 아스팔트는 태양열을 잘 (반사, 흡수)하여 그 열이 땅속까지 전달되어 □□□□층이 녹아버리면서 땅이 꺼지거나 뒤틀리기 때문입니다."

act 5 툰드라 기후 지역의 특성 탐구하기2

다음 자료를 보고, 알맞은 말을 □ 안에 쓰거나 ○표 하세요.

(가)

(나)

1 사진 (가)처럼 툰드라 기후 지역의 집이 허물어지는 까닭은 난방열이 □□□□층에 전달되어 녹으면서 땅이 꺼져 내리기 때문입니다. 이런 붕괴 현상을 막기 위해 사진 (나)처럼 기둥을 세워 집을 짓습니다.

(다) 송유관

2 툰드라 지역에서는 석유를 운반하기 위한 송유관을 땅속에 묻지 않고 사진 (다)처럼 거치대를 설치하여 그 위에 얹어 놓습니다. 그 까닭은 무엇일까요?

"땅속에서 뽑아낸 원유는 마치 온천물처럼 (차갑, 뜨겁)습니다. 만일 땅바닥이나 땅속에 관을 묻으면 그 열이 □□□□층에 전달되어 녹으면 땅이 꺼져 내립니다. 그래서 관이 끊어지거나 뒤틀리면서 원유가 새게 됩니다. 그러니까 뜨끈한 원유의 열이 □□□□층에 직접 닿지 않도록 하려는 것입니다."

잠깐만요

오로라와 백야

툰드라 기후 지역 중에서 북극에 가까운 지방에서는 초고층 대기 중에서 빛을 내는 현상인 **'오로라(극광)'**와 한여름에도 태양이 지지 않는 **'백야(白夜)'** 현상을 관찰할 수 있습니다.

<알래스카의 극광(極光) 모습>

<노르웨이의 한밤중 모습(6월 24일)>

한대 기후 지역의 인간 생활 살펴보기

다음 자료를 보고, 알맞은 말을 □ 안에 쓰거나 ○표 하세요.

(가)

(나)

(다)

1 사진 (가) ~ (다)는 러시아의 북극해 주변에 사는 네네츠 족의 모습입니다. 네네츠족은 □□ 유목을 하고 천막집에 살고 있습니다. 따라서 이들이 사는 지역은 (빙설, 툰드라) 기후 지역이라고 짐작할 수 있습니다.

(라)

(마)

(바)

2 사진 (라) ~ (바)는 캐나다의 북극해 주변에 사는 옛날 이누이트 족의 모습입니다. 이누이트 족은 □□ 낚시를 하고 이글루라는 얼음집을 만들기도 하였습니다. 따라서 이들이 사는 지역은 (빙설, 툰드라) 기후 지역이라고 짐작할 수 있습니다.

19 고산 기후의 특성

고산 기후란 해발 고도가 높은 산지에서 나타나는 기후입니다. 보통은 열대 지방에 솟아 있는 높은 산지에서 가장 잘 나타납니다. 고산 기후 지역은 고산 기후가 나타나는 땅 위의 범위를 말합니다. 그럼 고산 기후의 특성을 한번 살펴볼까요?

act 1 고산 기후의 분포 살펴보기

다음 지도를 보고, 물음에 답하세요.

(가)

(나)

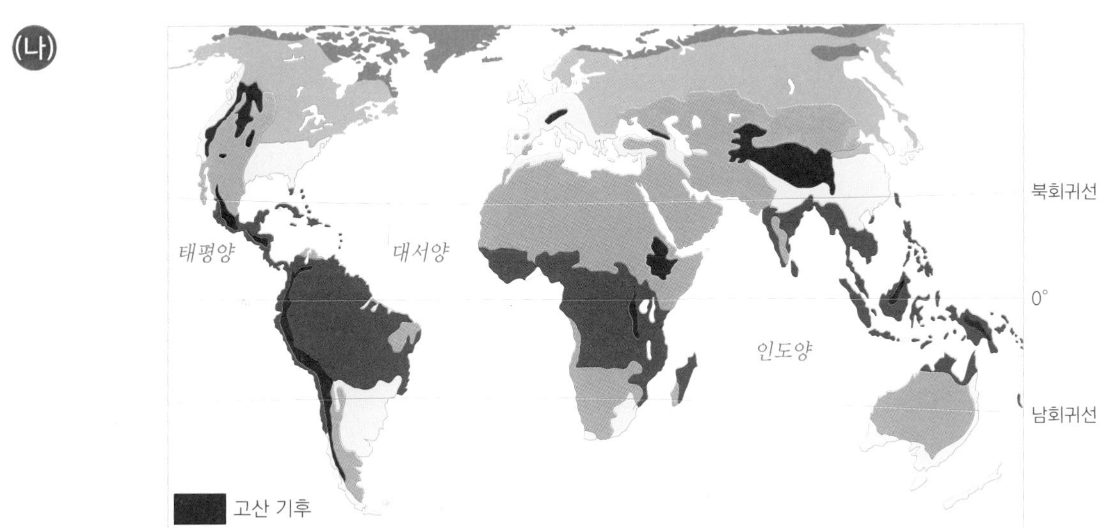

1 지도 (나)를 바탕으로 지도 (가)에 고산 기후가 나타나는 곳을 찾아 갈색으로 칠하세요.

2 지도 (가), (나)를 바탕으로 고산 기후는 북아메리카 서부의 로키 산맥 일대, 남아메리카 서부의 ☐☐☐ 산맥, 유럽의 알프스 산맥, 아프리카의 에티오피아 고원, 중국의 티베트 고원 등을 중심으로 분포하고 있음을 알 수 있습니다.

고산 기후 그래프 그리기

다음 표를 바탕으로 활동해보세요.

〈키토의 기후 자료〉

구분 \ 월	1	2	3	4	5	6	7	8	9	10	11	12
기온(℃)	13.6	13.5	13.8	13.8	13.9	13.7	13.7	13.8	13.6	13.4	13.5	13.6
강수량(㎜)	80.4	118.5	136.7	151.7	104.0	43.5	26.5	31.4	76.4	107.5	87.0	81.0

1 위 표를 바탕으로 키토의 기후 그래프를 완성하세요. 단, 기온은 꺾은선 그래프, 강수량은 막대그래프로 그리세요.

〈키토의 기후 그래프〉

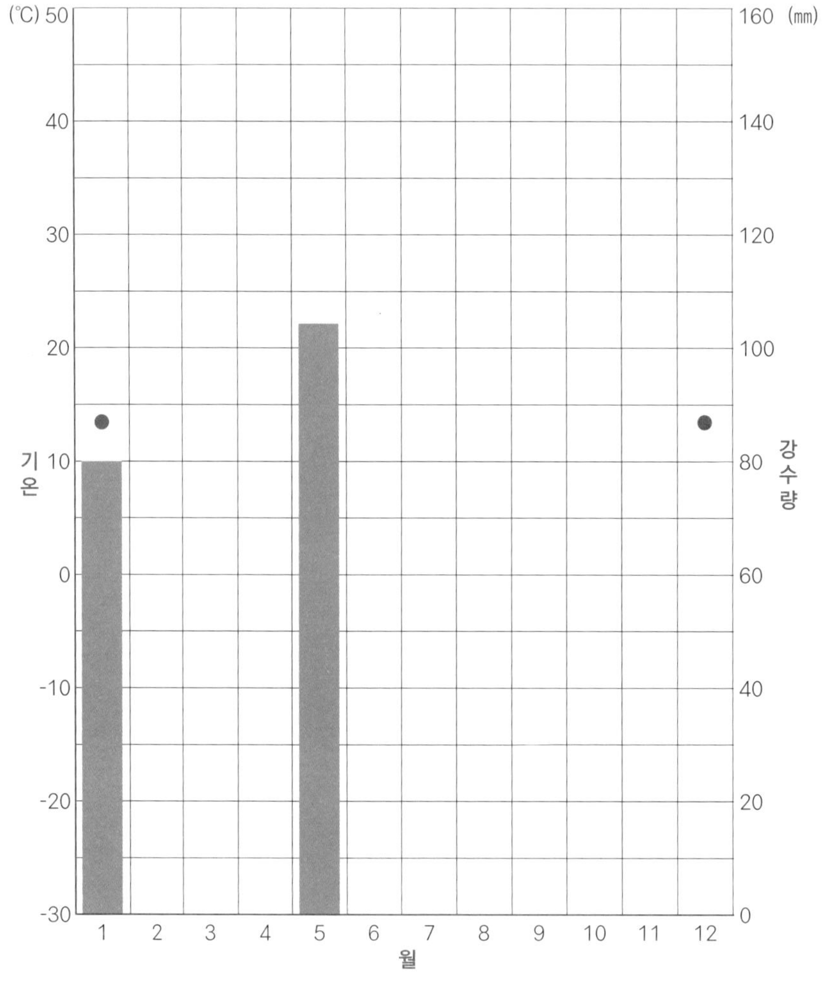

2 적도(0°)에 걸쳐 있는 에콰도르의 키토는 위 그래프에서처럼 일 년 내내 달마다 평균 기온의 차이가 (매우 큰, 거의 없는) 특징을 지니고 있습니다. 그래서 마치 '항상(常)' '봄[春]'과 같은 기후라는 뜻에서 '상춘(常春) 기후'라고도 불립니다. 이처럼 높은 산지에서 달마다 평균 기온의 차이가 매우 적게 나타나는 기후를 '☐☐(高山) 기후'라고 합니다. 특히, 열대 지방의 높은 산지에서 잘 나타납니다.

act 3 고산 기후의 특징 탐구하기

다음 자료를 보고, 알맞은 말을 □ 안에 쓰거나 ○표 하세요.

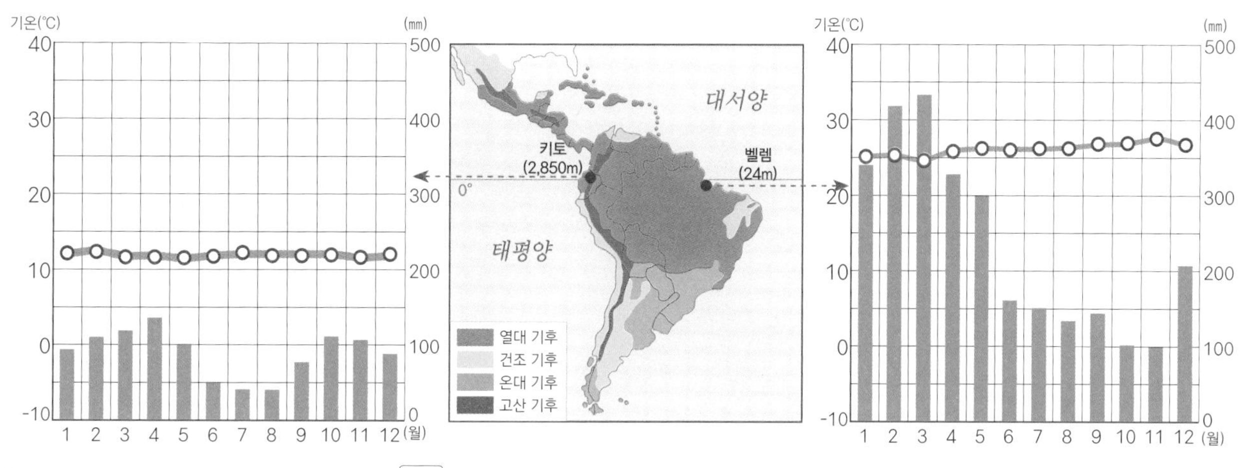

1 키토와 벨렘 두 도시는 모두 □도(0°) 부근에 위치한 도시입니다. 그렇지만 일 년 동안 평균 기온 분포를 보면, □□는 13℃ 정도로서 □□ 기후가, □□은 27℃ 정도로서 □□ 기후가 나타납니다.

2 거의 같은 위도인데도 기온의 차이가 생기는 까닭은 키토는 고도 □,□□□m, 벨렘은 □□m에 위치하여 서로 (위도, 고도)차가 크기 때문입니다.

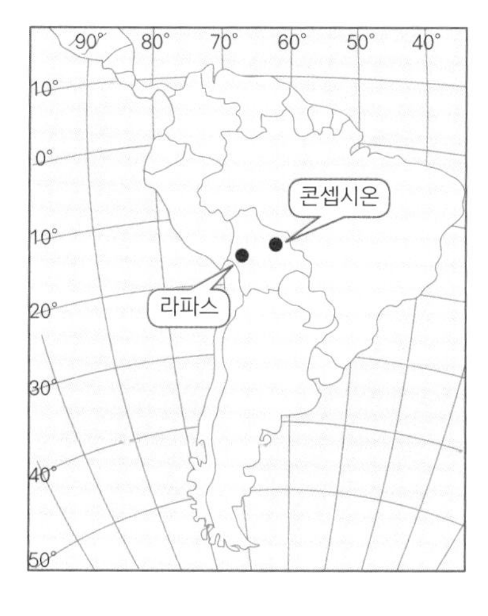

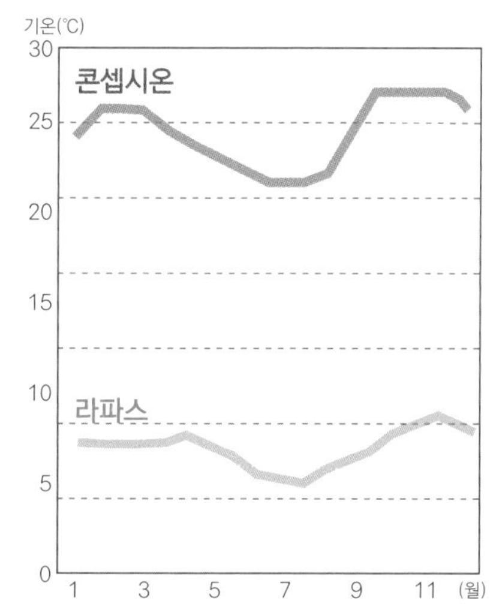

지역	콘셉시온	라파스
위도	16°S	16°S
해발 고도	약 500m	약 3,600m
인구	약 10,000명	약 810,300명

3 라파스와 콘셉시온 두 도시는 모두 거의 같은 저위도(□□°S)에 위치합니다. 그렇지만 □□□에는 □□ 기후, 콘셉시온에서는 □□ 기후가 나타납니다. 그 까닭은 라파스가 콘셉시온보다 무려 □,100m 더 높은 곳에 자리 잡고 있기 때문입니다.

4 콘셉시온의 인구보다 라파스의 인구가 더 (적, 많)습니다. 이를 통해 열대 지방에서는 저지대보다 고지대가 사람들이 살아가기에는 더 유리하다는 점을 추측할 수 있습니다.

act 4 고산 기후 지역의 도시 발달 살펴보기

다음 지도를 보고, 알맞은 말을 □ 안에 쓰거나 ○표 하세요.

출처: columbia 대학

(가) 남아메리카의 인구 분포

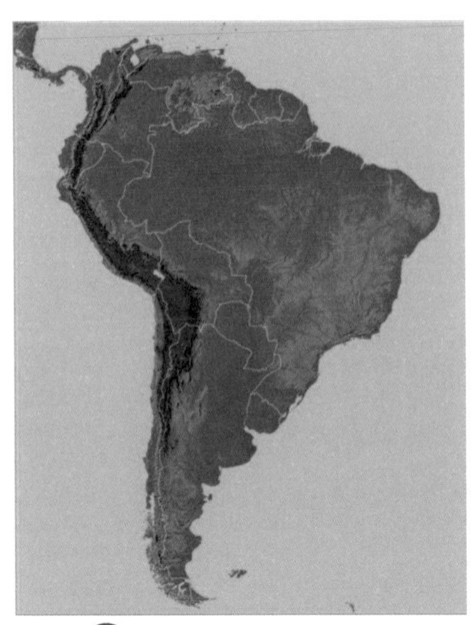

(나) 남아메리카의 지형 분포

1 지도 (가), (나)를 바탕으로 남아메리카의 □□ 분포와 □□ 분포 사이에는 밀접한 관계가 있다는 점을 알 수 있습니다. 특히, 높은 □□□ 산맥 줄기를 따라 사람들이 많이 살아가고 있음을 확인할 수 있습니다.

멕시코시티(2,240m)
보고타(2,625m)
키토(2,850m)
쿠스코(3,400m)
라파스(3,625m)

□ 고산 도시
해발고도 2,000m 이상 지역

(다)

2 지도 (다)를 바탕으로 아메리카 각 나라의 수도나 도시의 해발 고도를 써보세요.

① 멕시코 수도 : □□□□□ - □,240m

② 콜롬비아 수도 : □□□ - □,625m

③ 에콰도르 수도 : □□ - □,850m

④ 볼리비아 수도 : □□□ - □,625m

⑤ 페루의 도시 : 쿠스코 - □,400m

3 이들 도시는 모두 제주도의 한라산보다 (낮은, 높은) 곳에 위치합니다. 이처럼 대체로 해발고도 2,000m 이상의 높은 산지에 발달한 도시를 '□□ 도시'라고 합니다.

※ 백두산 : 2,744m, 한라산 : 1,950m

act 5 고산 기후 지역의 생활 모습 살펴보기 1

다음 자료를 보고, 알맞은 말을 □ 안에 쓰거나 ○표 하세요.

(가) 마추픽추(2,450m 위치)

(나) 키토(2,850m 위치)

1 (가)와 (나) 도시의 공통점은 구름에 덮이거나 하늘이 낮은 것으로 보아 모두 높은 산지에 위치하고 있는 '□□ 도시'라는 점입니다.

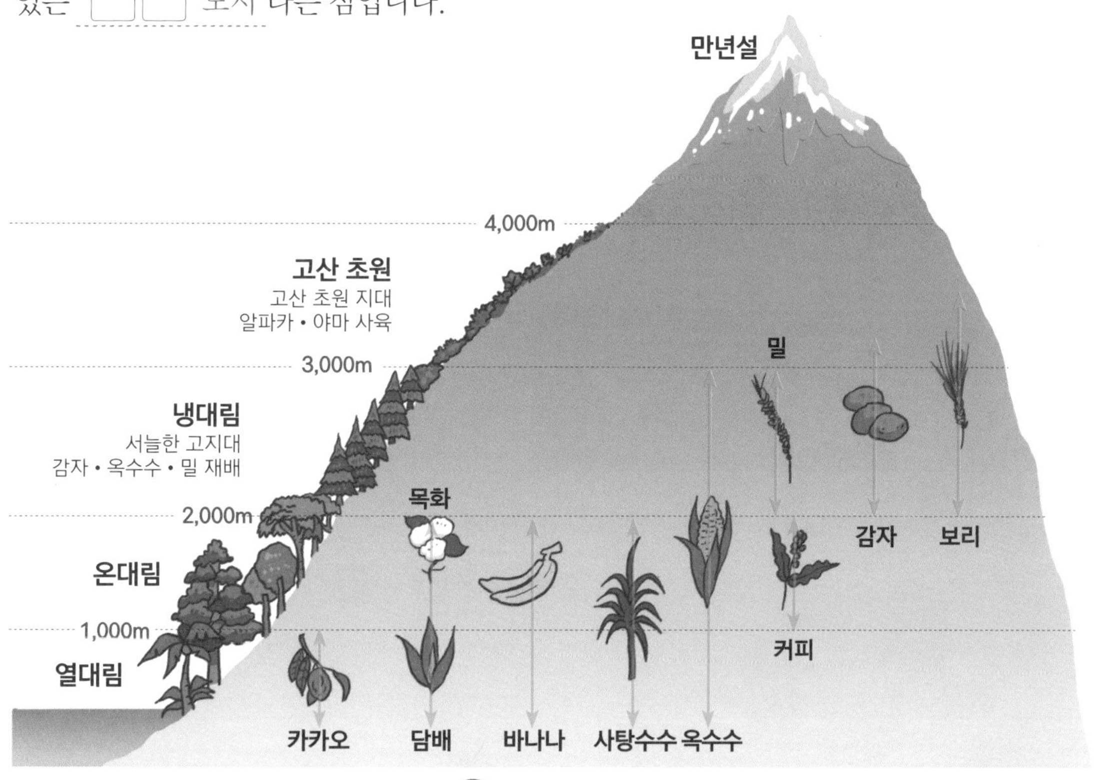

(다) 고도별 재배 작물의 변화

2 그림 (다)처럼 안데스 산지에서는 높이에 따라 재배 작물이 달라집니다. 그렇다면 앞의 act 4의 **2**에 나타난 도시 주변에 사는 농민들은 주로 어떤 작물을 재배할까요? □□□, 밀, □□, 보리

잠깐만요

마추픽추는 페루의 안데스 산맥에 있는 옛 잉카 문명의 고대 도시입니다. **마추픽추**는 현지어로는 '오래된 봉우리'를 의미하는데, 그 말처럼 도시의 해발고도는 약 2,450m입니다.

고산 기후 지역의 생활 모습 살펴보기 2

다음 자료를 보고, 알맞은 말을 □ 안에 쓰거나 ○표 하세요.

(가)

(나)

1 사진 (가), (나)는 안데스 고산 기후 지역의 대표적인 식량 자원입니다. 모두 이곳이 원래 고향으로서 전 세계로 퍼져 나간 작물입니다. 앞의 act 5 의 (다) 그림을 바탕으로 (가), (나) 작물은 각각 무엇인지 이름을 쓰세요. (가) : □□, (나) : □□□

(다) 멕시코의 모자(솜브레로)

(라) 안데스 주민의 전통 의상

(마) 안데스 주민의 전통 의상(판초)

2 사진 (다) ~ (마)처럼 고산 기후 지역에 사는 사람들은 머리에 여러 형태의 모자를 씁니다. 강한 태양빛과 자외선을 (피하기, 더 받기) 위해서입니다. 그리고 고산 지역 주민들은 (흰색, 그을린) 피부 빛을 띠는 경우가 많습니다.

3 고산 기후 지역은 공기 밀도가 (낮아서, 높아서) 낮에는 공기가 빠르게 데워지고 밤에는 빠르게 식으므로 낮과 밤의 기온 차가 매우 (작습, 큽)니다. 그래서 사진 (라), (마)에서처럼 보온을 위해 어깨로부터 온몸을 감싸는 '□토'를 입습니다.

세계의 기후 특성 정리하기

다음 그림을 보고, 물음에 답하세요.

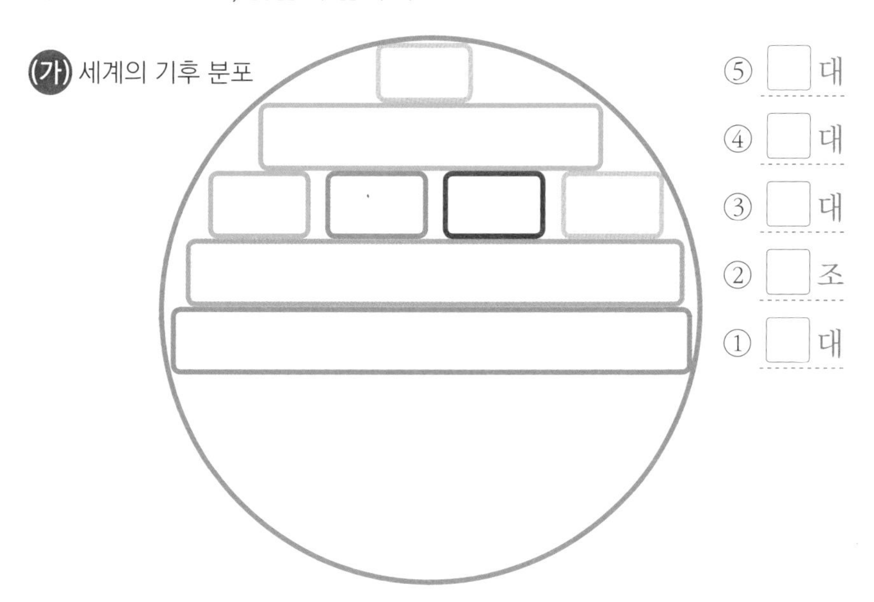

(가) 세계의 기후 분포

1 그림 (가)는 적도로부터 북극까지 나타나는 기후대 분포를 간단히 나타냅니다. ①~⑤의 기후대 이름을 차례로 쓰세요.

2 ①에는 녹색, ②에는 주황, ③에는 연녹색 — 녹색 — **빨강** — 회색, ④에는 연녹색, ⑤에는 회색을 칠하세요.

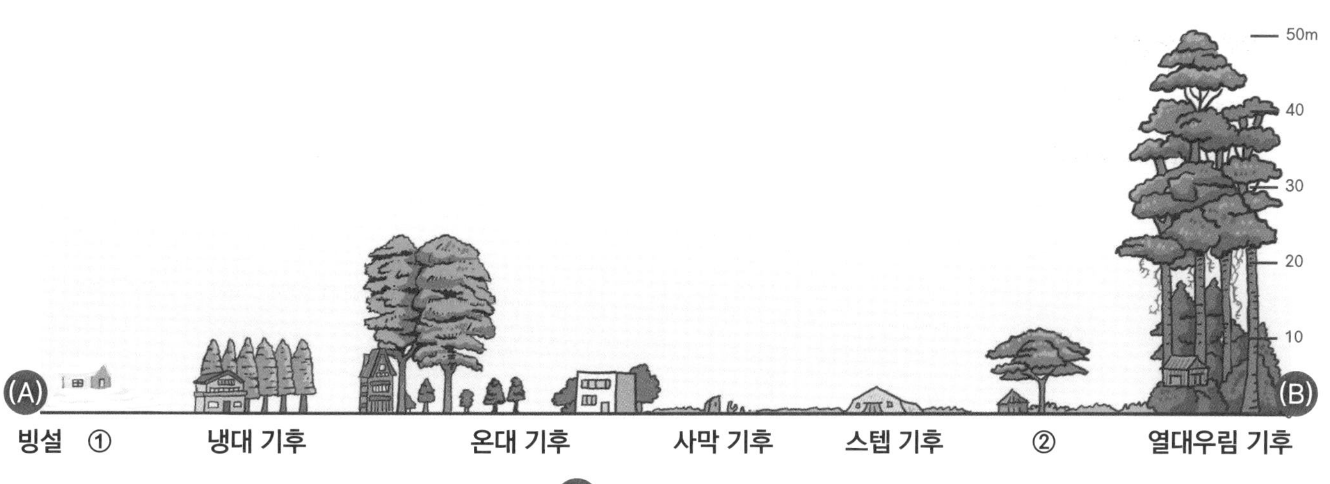

(나) 세계의 기후 분포

3 그림 (나)에서 (A)는 (극, 적도) 지방, (B)는 (극, 적도) 지방입니다.

4 그림 (나)의 ①은 ☐☐☐ 기후, ②는 ☐☐☐ 기후입니다.

5 툰드라, 스텝, 사바나의 공통점은 무엇일까요?

"기후대는 다르지만, 모두 ☐☐(草原)이라는 공통점이 있습니다."

지금까지 배운 내용을 정리해 봅시다.

1. 다양한 기후가 나타나는 원인

① '□□'란 어떤 장소에서 해마다 반복되는 평균적인 날씨를 말합니다.

② 지구상에서 기후 차이가 생기는 까닭은 □근 지구가 □□이 기울어진 상태로 태양 주위를 공전하기 때문입니다.

③ 세계의 기후는 적도로부터 극지방을 향하여 '□□ 기후 – □□ 기후 – □□ 기후 – □□ 기후 – □□ 기후'의 순서로 나타납니다.

2. 열대 기후의 특성

① 열대 기후란 1년 열두 달 중에서 가장 추운 달의 평균기온이 □□℃ 이상인 기후를 말합니다.

② 열대 기후는 크게 '열대 □□(雨林) 기후'와 '열대 □□□(savanna) 기후'로 나뉩니다.

③ 열대 기후 지역에서는 전통적으로 '이동식 □□(火田) 농업'이 이루어져 왔습니다.

④ 열대 기후 지역에 유럽 사람들이 진출한 이후에는 원주민의 노동력과 선진국의 기술 및 자본이 합쳐져서 이루어지는 상업적 농업인 '□□□□□(plantation) 농업'이 발달하기도 하였습니다.

⑤ 동남아시아와 같은 열대 기후 지역의 '□□(高床) 가옥'은 지열을 막고 바람을 잘 통하게 하며 독충도 막는 효과를 높이기 위해 땅바닥으로부터 띄워서 지은 집입니다.

3. 건조 기후의 특성

① 건조 기후란 연강수량이 □□□㎜ 미만인 기후를 말합니다.

② 건조 기후는 크게 '□□(砂漠) 기후'와 '□□(steppe) 기후'로 나뉩니다.

③ 사막 기후 지역에서는 전통적으로 '□□(隊商)'이라는 상업 활동이나 '□□□□(oasis) 농업'이 이루어져왔습니다.

④ 스텝 기후 지역에서는 전통적으로 풀밭을 찾아 가축을 기르는 '□□(遊牧) 활동'이 이루어져 왔고, 대규모로 밀을 재배하는 상업적 농업도 이루어지고 있습니다.

⑤ 건조 기후 지역의 전통 가옥은 이동식 '□□ 집(tent)' 이나 지붕이 □□(平平)한 흙벽집이 많습니다.

4. 온대 기후의 특성

① 온대 기후란 일 년 중에서 가장 추운 달의 평균기온이 -□℃ 이상인 기후를 말합니다.

② 온대 기후 중에서도 서부 유럽을 중심으로 여름이 서늘하고 겨울이 따듯한 기후를 '□□□□□(西岸海洋性) 기후'라고 합니다.

③ 온대 기후 중에서도 지중해 지방을 중심으로 여름이 뜨겁고 강수량이 적으며 겨울이 따듯하고 강수량이 많은 기후를 '□□□□(地中海性) 기후'라고 합니다.

④ 서안해양성 기후 지역인 서부 유럽은 비가 잦아 □□□□(rain coat) 옷이 발달했습니다.

⑤ 지중해성 기후 지역인 지중해 지방에서는 강한 햇볕을 반사시키기 위해 □색 칠을 한 벽이 많고, 올리브, 포도 등과 같은 '□□(樹木) 농업'이 많이 이루어집니다.

5. 냉대 기후의 특성

① 냉대 기후란 일 년 중에서 가장 추운 달의 평균기온이 -□℃ 미만이고, 가장 더운 달의 평균 기온이 10℃ 이상인 기후를 말합니다.

② 냉대 기후 지역에 널리 나타나는 침엽수림 숲을 '□□□(taiga)'라고 합니다.

③ 냉대 기후 지역에서는 아이슬란드에서처럼 보온을 위해 □디 지붕 가옥이 발달하기도 하고, 러시아의 이즈바와 같은 □나무집이 발달하기도 하였습니다.

6. 한대 기후의 특성

① 한대 기후란 일 년 중 가장 따뜻한 달의 평균 기온이 □□℃를 넘지 않는 기후를 말합니다.

② 한대 기후는 크게 '□□□(tundra) 기후'와 '□□(氷雪) 기후'로 나뉩니다.

③ 툰드라 기후 지역에서 건축물을 지을 때는 □□□□□(永久凍土層, permafrost)에 열이 전달되지 않도록 단열재를 비롯한 여러 장치를 두어야 합니다.

④ 툰드라 기후 지역 사람들은 전통적으로 순록 등을 □□(遊牧)하였고, 이에 따라 이동식 천막집이 발달하였습니다.

⑤ 빙설 기후 지역 사람들은 전통적으로 바다낚시나 사냥을 하며 살아왔고, 이누이트 족의 경우 □□□(igloo)라는 얼음집을 지어 사냥이나 낚시를 할 때 임시로 추위를 피하기도 하였습니다.

⑥ 한대 기후 지역 사람들은 추위를 이겨내기 위해 전통적으로 동물의 털이나 □죽으로 두꺼운 옷을 만들어 입었습니다.

7. 고산 기후의 특성

① 고산 기후란 해발 고도가 높은 산지에서 나타나는 기후로서 보통은 □□ 지방에 솟아 있는 높은 산지에서 잘 나타납니다.

② 고산 기후는 일 년 내내 달마다 평균 기온의 차이가 거의 없어 '□□(常春) 기후'라고도 합니다.

③ 남아메리카의 안데스 산지의 키토, 보고타, 라파스처럼 대체로 해발고도 2,000m 이상의 높은 산지에 발달한 도시를 '□□(高山) 도시'라고 합니다.

④ 고산 기후 지역의 사람들은 자외선을 막기 위해 전통적으로 머리에 □□를 많이 쓰고, 낮과 밤의 기온 차이가 크기 때문에 보온을 위해 판초와 같은 □□(manteau) 형태의 외투를 입었습니다.

⑤ □□와 □수수는 안데스의 고산 지역 사람들이 재배하는 대표적인 주식 작물입니다.

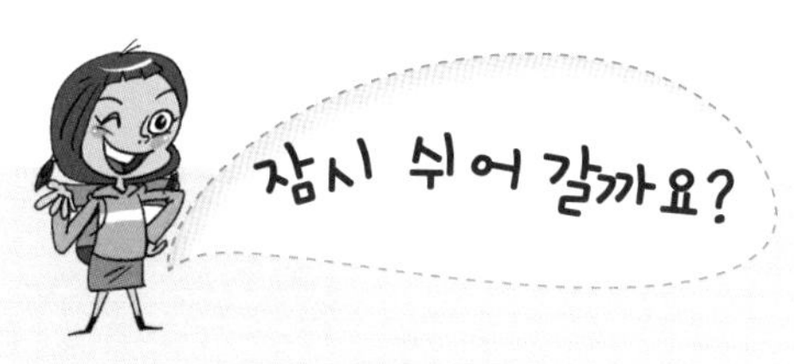

최고 기온과 최저 기온

<사진 1. 퍼니스 크리크(Furnace Creek)>

기온은 보통 1.5m 높이의 그늘에서 재게 됩니다. 그래서 실제 땅바닥의 온도와는 아주 다를 수 있습니다. 예를 들면, 미국 캘리포니아 주의 데스벨리에 위치한 퍼니스 크리크(Furnace Creek)라는 곳의 땅바닥 온도는 1972년 7월 15일에 무려 93.9°C를 기록하였습니다. 온도계로 잰 세계 최고의 기록이지요.

반면에 위성 관측으로 잰 최저 기온은 남극 대륙의 한 지점(81.8°S 59.3°E)에서 나타났는데, 2010년 8월 10일에 그곳의 온도는 -93.2°C를 기록했다고 합니다. 다음의 <표 1>은 온도계로 측정한 각 대륙별 공식적인 최고 기온 기록입니다.

대륙	나라	장소	기온(°C)	날짜
아시아	쿠웨이트	미트리바(Mitribah)	54.0	2016. 7. 21.
유럽	그리스	아테네(Athens)	48.0	1977. 7. 10.
아프리카	튀니지	케빌리(Kebili)	55.0	1931. 7. 7.
북아메리카	미국	캘리포니아 데스벨리의 퍼니스 크리크(Furnace Creek)	56.7	1913. 7. 10.
남아메리카	아르헨티나	살타의 리바다비아(Rivadavia)	48.9	1905. 12. 11.
오세아니아	오스트레일리아	사우스오스트레일리아의 우드나다타(Oodnadatta)	50.7	1960. 1. 2.
남극 대륙		남극 관측소	-12.3	2011. 12. 25.

<표 1. 각 대륙별 최고 기온 >

<표 1>을 보면 대륙별로 최고 기온이 보통은 50℃ 정도를 넘나들고 있음을 알 수 있습니다.

1943년 1월 22일 미국 사우스다코타 주의 스피어피시(Spearfish)라는 곳에서는 7°C였던 기온이 불과 2분 만에 -20°C로, 그러니까 27℃나 급격하게 떨어진 적도 있답니다.

오스트레일리아의 웨스트오스트레일리 마블바(Marble Bar)에서는 1923년 10월 31일부터 1924년 4월 7일까지 160일 동안 계속해서 기온이 37.8°C를 유지했던 적도 있습니다.

그리고 미국 캘리포니아 주의 니들스(Needles)에서는 2012년 8월 13일에 비가 내리는 동안에도 기온이 46.1°C를 유지해서 이 부문 최고로 기록되고 있습니다.

다음의 <**표 2**>는 온도계로 측정한 각 대륙별 공식적인 최저 기온 기록입니다.

대륙	나라	장소	기온(°C)	날짜
아시아	러시아	시베리아의 베르호얀스크(Verkhoyansk), 사하 공화국의 오이먀콘(Oymyakon)	-67.8	1892. 2. 7. 1933. 2. 6.
유럽	스웨덴	베스테르보텐의 말고비크(Malgovik)	-53.0	1941. 12. 13.
아프리카	모로코	이프란(Ifrane)	-23.9	1935. 2. 11.
북아메리카	그린란드	노스아이스(North Ice)	-66.1	1954. 1. 9.
남아메리카	아르헨티나	추부트 주의 사르미엔토(Sarmiento)	-32.8	1907. 6. 1.
오세아니아	뉴질랜드	센트럴오타고의 렌펄리(Ranfurly)	-25.6	1903. 7. 18.
남극 대륙		보스토크 관측소	-89.2	1983. 7. 21.

<**표 2.** 각 대륙별 최저 기온 >

사하라 사막이 펼쳐진 모로코의 이프란이란 곳에서 거의 영하 24도까지 떨어진 것이 눈길을 끕니다. 사막에서 얼어 죽을 수도 있다는 말이 거짓이 아닌 것 같습니다.

<**그림 1.** 모로코 위치>

마무리 활동

지금까지 우리는

세계 각 대륙과 대양의 위치와 영역,

그리고 지형 및 기후 환경에 대해 살펴보았습니다.

마무리 활동에서는

각 대륙의 모습을 직접 그려보고

대륙에 속한 나라나 여러 지형의 위치를 찾아볼 것입니다.

참, 활동을 좀 더 효과적으로 진행하고 싶다면

세계 지도를 미리 준비하세요.

1. 각 대륙을 제 위치에 붙여주세요!

그림 (가)의 각 대륙을 가위나 칼로 오려내세요. 그런 다음에 '적도'와 '날짜 변경선'만 그려진 그림 (나)에 각 대륙의 정확한 위치를 찾아 붙이세요. (책의 마지막 쪽에 그려진 대륙의 모습을 오려서 활동하세요.)

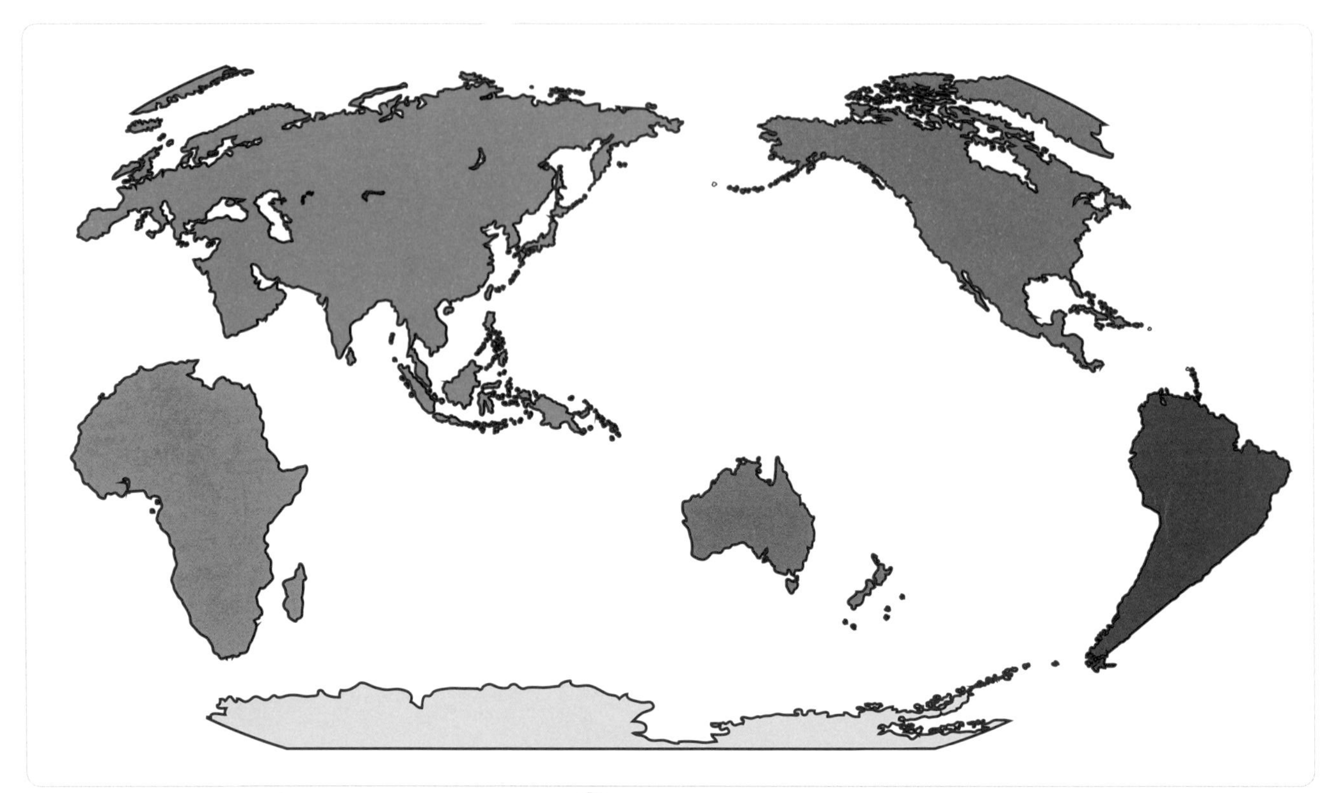

(가) 각 대륙의 모습

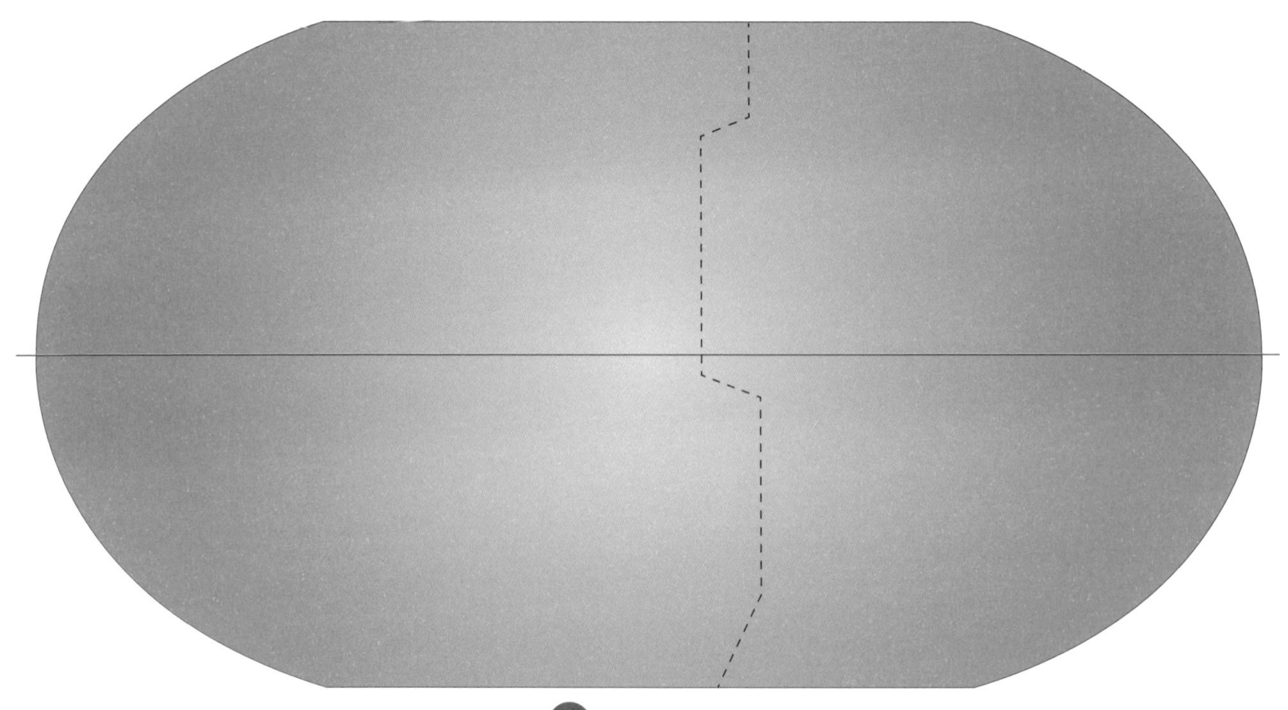

(나) 세계 지도 바탕

2. 아시아 대륙 디자인하기

1 번호 순서대로 점을 빨간색 선(——)이어 보세요.

2 '인도'의 위치에 주황색 삼각꼴(▼)로 표시하고 칠하세요.

3 '히밀라야 산맥'의 위치에 노란색 굵은 막대(——)로 표시하세요.

4 '황허 강'의 위치에 초록색 줄기(~~)로 표시하세요.

5 '아라비아 반도'의 범위를 파란색 마름모꼴(◆)로 표시하고 칠하세요.

6 '보르네오 섬'을 찾아 **남색**으로 칠하세요.

7 '시베리아' 지역의 범위를 보라색 타원형( )안에 빗금으로 표시하세요.

3. 유럽 대륙 디자인하기

1 번호 순서대로 점을 빨간색 선(——)이어 보세요.

2 '프랑스'의 위치에 주황색 원(●)로 표시하고 칠하세요.

3 '알프스 산맥'의 위치에 노란색 굵은 막대(——)로 표시하세요.

4 '라인 강'의 위치에 초록색 줄기(～)로 표시하세요.

5 '이탈리아 반도'의 범위를 파란색 네모꼴(■)로 표시하고 칠하세요.

6 '그레이트브리튼 섬'을 찾아 **남색**으로 칠하세요.

7 '스칸디나비아' 지역의 범위를 보라색 타원형( )안에 빗금으로 표시하세요.

4. 아프리카 대륙 디자인하기

1 번호 순서대로 점을 빨간색 선(───)이어 보세요.

2 '나이지리아'의 위치에 주황색 사각형(■)로 표시하고 칠하세요.

3 '드라켄즈버그 산맥'의 위치에 노란색 굵은 막대(───)로 표시하세요.

4 '나일 강'의 위치에 초록색 줄기(───)로 표시하세요.

5 아프리카의 뿔에 해당하는 '소말리아 반도'의 범위를 파란색 세모꼴(▲)로 표시하고 칠하세요.

6 '마다가스카르 섬'을 찾아 **남색**으로 칠하세요.

7 '사헬' 지역의 범위를 보라색 타원형( )안에 빗금으로 표시하세요.

5. 북아메리카 대륙 디자인하기

1 번호 순서대로 점을 빨간색 선(───)이어 보세요.

2 '멕시코'의 위치에 주황색 사각형(■)로 표시하고 칠하세요.

3 '로키 산맥'의 위치에 노란색 굵은 막대(───)로 표시하세요.

4 '미시시피 강'의 위치에 초록색 줄기(～～)로 표시하세요.

5 '플로리다 반도'의 범위를 파란색 마름모꼴(◆)로 표시하세요.

6 '쿠바 섬'을 찾아 **남색**으로 칠하세요.

7 '누나부트' 지역의 범위를 보라색 타원형( )안에 빗금으로 표시하세요.

6. 남아메리카 대륙 디자인하기

1 번호 순서대로 점을 빨간색 선(———)이어 보세요.

2 '브라질'의 위치에 주황색 삼각형(▶)로 표시하세요.

3 '안데스 산맥'의 위치에 노란색 굵은 막대(———)로 표시하세요.

4 '아마존 강'의 위치에 초록색 줄기(———)로 표시하세요.

5 '파나마 지협'의 대략적인 위치를 찾아 파란색 마름모꼴(◆)로 표시하세요.

6 대륙 남쪽 끝에 있는 '푸에고 섬'을 찾아 **남색**으로 칠하세요.

7 '파타고니아' 지역의 범위를 보라색 타원형( )안에 빗금으로 표시하세요.

7. 오세아니아 대륙 디자인하기

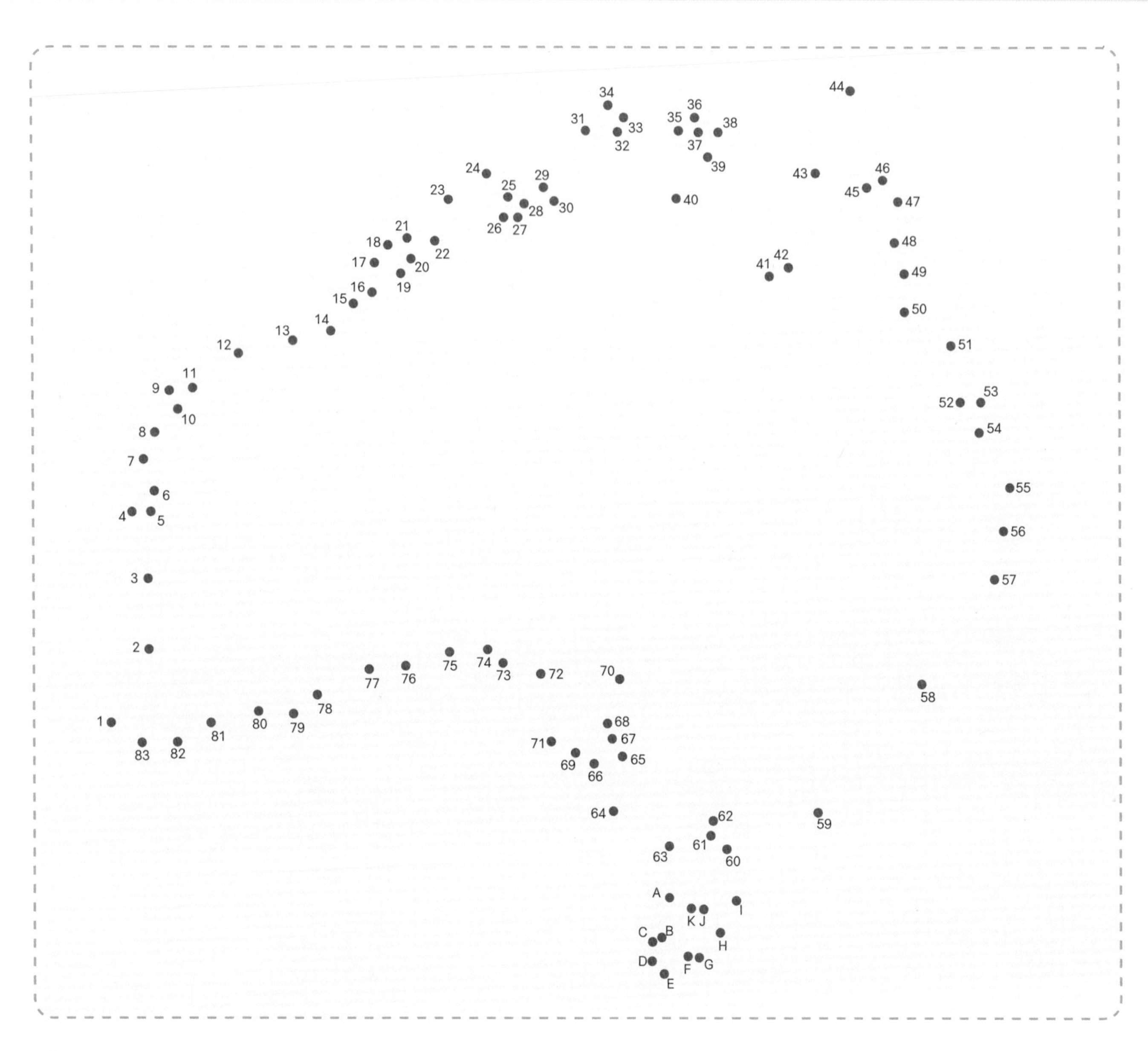

1. 번호 순서대로 점을 빨간색 선(────)이어 보세요. 어떤 대륙의 모습인가요?
2. '울루루'의 대략적인 위치에 주황색 사각형(■)로 표시하세요.
3. '그레이트디바이딩 산맥'의 위치에 노란색 굵은 막대(────)로 표시하세요.
4. '머리-달링 강'의 위치에 초록색 줄기(～～)로 표시하세요.
5. '케이프요크 반도'의 위치를 찾아 범위를 파란색 마름모꼴(◆)로 표시하세요.
6. 대륙의 남동쪽에 위치한 '태즈메이니아 섬'을 찾아 **남색**으로 칠하세요.
7. '대찬정 분지' 지역의 범위를 보라색 타원형(⬭)안에 빗금으로 표시하세요.

정답 및 해설

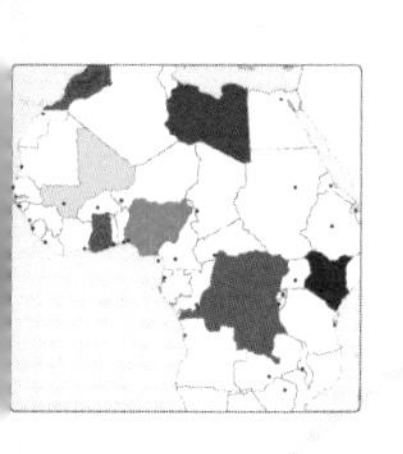

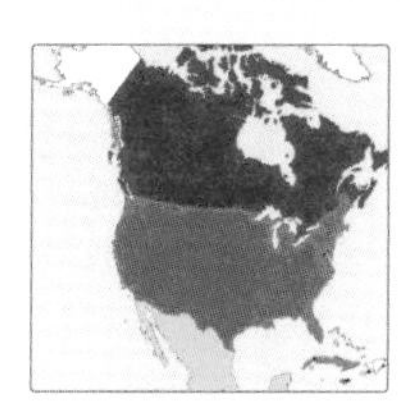
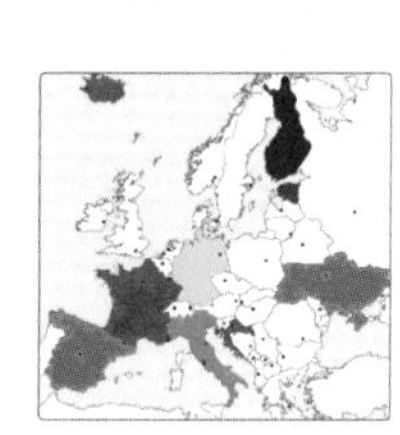

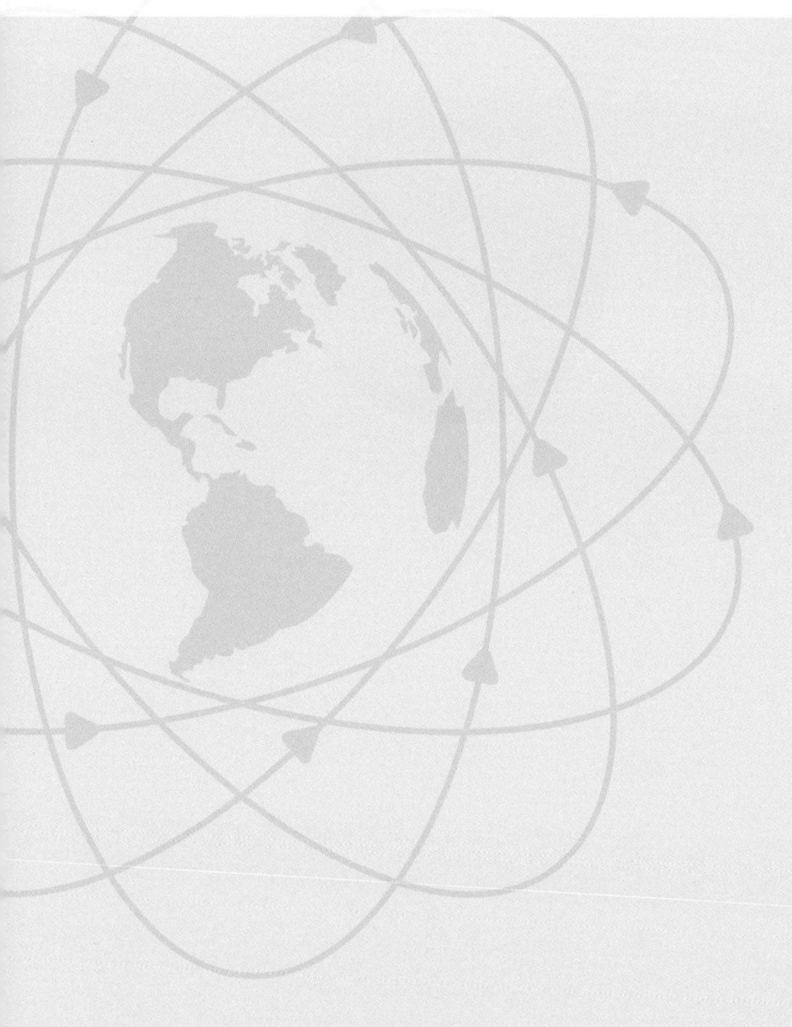

워밍업

01 우주 공간 속 지구의 위치

1 ① ② ③

2 우주, 은하계

3 나선, 바깥

act 2

1 태양

2 수성, 금성, 화성, 목성, 토성, 해왕성

act 3

1 달, 지구, 地

2 주, 하, 양, 은

02 지구의 모습

act 1

1 공전, 365

2 ① 3 ② 3, 1 ③ 1, 34 ④ 34

act 2

1 달, 30, 음력

2 자전, 24

3 북

act 3

1 지각, 맨틀, 핵, 핵

2 6, 00, 21

3 대류, 성층, 중간, 열

4 성층권

act 4

1 지시 사항에 맞게 그리세요.

2

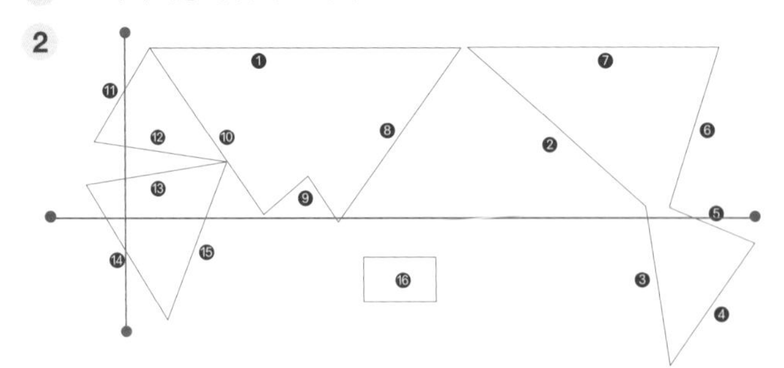

하나

대륙과 나라의 위치 및 영역

03 대륙과 대양의 위치 및 모습

1 ① ②

2

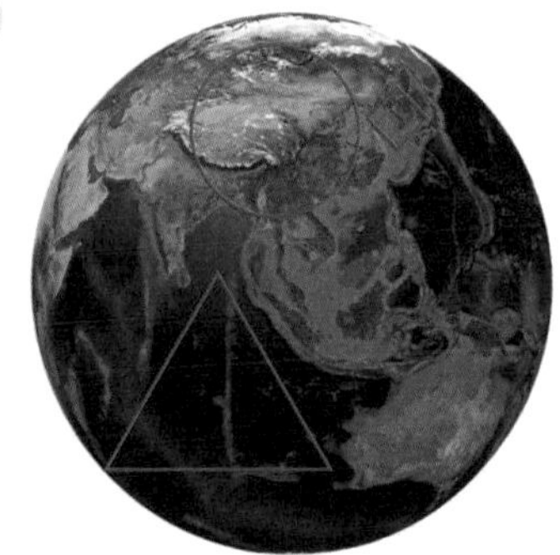

3 71, 바다

act 2

1 아시아, 오세아니아

2 태평양

3 아시아

act 3

1 ① 아시아 ② 유럽 ③ 아프리카 ④ 북아메리카 ⑤ 남아메리카 ⑥ 오세아니아 ⑦ 남극

2 ① → ③ → ④ → ⑤ → ⑦ → ② → ⑥

act 4

1 우랄, 유럽, 아시아

2 파나마, 북아메리카, 남아메리카

3 수에즈, 아프리카, 아시아

act 5

1 오스트레일리아, 그린란드

2 대륙, 섬

3 대륙, 섬

act 6

1 ① 태평양 ② 인도양 ③ 대서양 ④ 북극해 ⑤ 남대양

2 ① → ③ → ② → ⑤ → ④

act 7

1 ① 북아메리카 ② 남아메리카 ③ 유럽 ④ 아시아 ⑤ 아프리카 ⑥ 오세아니아 ⓐ 대서양 ⓑ 인도양 ⓒ 태평양

2 ① 남아메리카 ② 아프리카 ③ 유럽 ④ 북아메리카 ⑤ 아시아 ⑥ 오세아니아 ⓐ 대서양 ⓑ 인도양 ⓒ 태평양 ⓓ 북극해

3 ① 남극 ② 오세아니아 ③ 아시아 ④ 북아메리카 ⑤ 남아메리카 ⑥ 유럽 ⑦ 아프리카 ⓐ 태평양 ⓑ 북극해 ⓒ 인도양 ⓓ 대서양

4 ① 남아메리카 ② 북아메리카 ③ 오세아니아 ④ 아시아 ⑤ 아프리카 ⑥ 유럽 ⓐ 대서양 ⓑ 태평양 ⓒ 인도양 ⓓ 북극해

5 ① 남아메리카 ② 아프리카 ③ 남극 ④ 오세아니아 ⓐ 대서양 ⓑ 태평양 ⓒ 인도양

act 8

1 태평양

2 인도양

3 오세아니아

4 아프리카, 대서양

04 대륙별 주요 나라의 위치 및 영토

act 1

1 ① 터키 ② 스리랑카 ③ 인도 ④ 사우디아라비아 ⑤ 필리핀 ⑥ 타이 ⑦ 몽골 ⑧ 베트남 ⑨ 우즈베키스탄

2

act 2

1 ① 크로아티아 ② 에스파냐 ③ 독일 ④ 이탈리아 ⑤ 아이슬란드 ⑥ 핀란드 ⑦ 에스토니아 ⑧ 프랑스 ⑨ 우크라이나

2

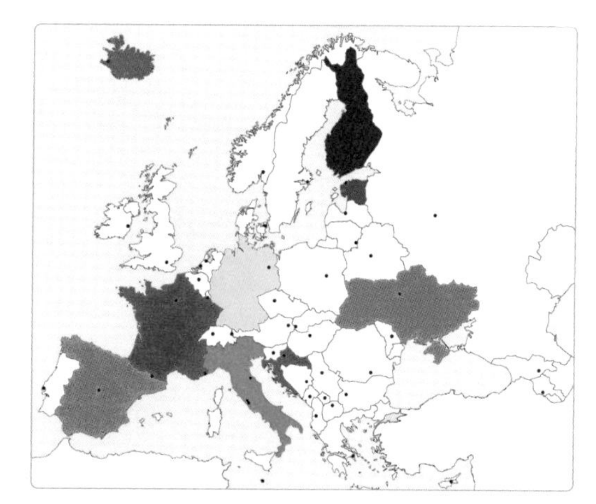

act 3

1 ① 모로코 ② 마다가스카르 ③ 말리 ④ 나이지리아 ⑤ 콩고민주공화국 ⑥ 케냐 ⑦ 리비아 ⑧ 가나 ⑨ 남아프리카공화국

2

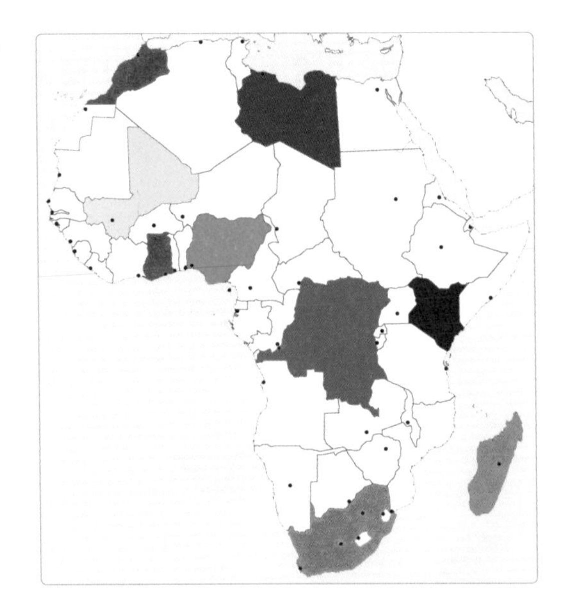

act 4

1 ① 캐나다 ② 미국 ③ 멕시코 ④ 쿠바 ⑤ 온두라스 ⑥ 니카라과 ⑦ 파나마 ⑧ 엘살바도르 ⑨ 자메이카

2

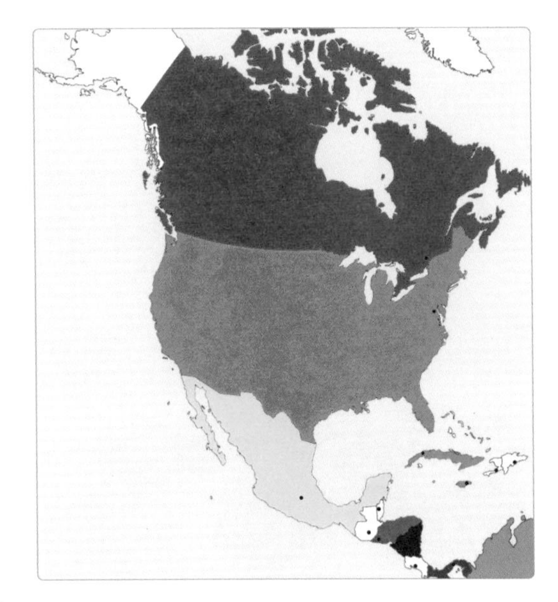

act 5

1 ① 볼리비아 ② 페루 ③ 브라질 ④ 칠레 ⑤ 베네수엘라 ⑥ 아르헨티나 ⑦ 파라과이 ⑧ 콜롬비아 ⑨ 우루과이

2

act 6

1 ① 뉴질랜드 ② 오스트레일리아 ③ 파푸아뉴기니

2

* 지도에서 섬들 사이에 있는 구분선은 국경을 나타냅니다.

05 대륙별 각 나라의 수도 위치

act 1

act 2

act 3

act 4

act 5

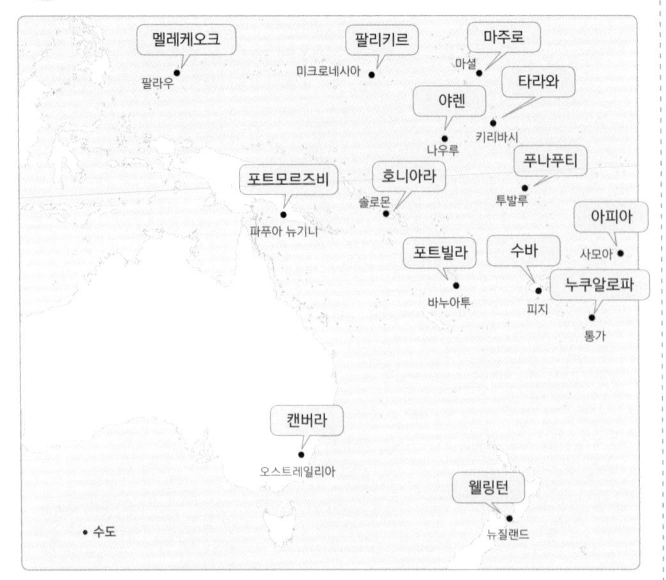

06 나라별 국기 모양과 특징

1 빨강, 하양(흰색)

2 파랑, 하양(흰색)

3 북아메리카

| 해설 |
싱가포르, 인도네시아, 일본, 이스라엘은 아시아 대륙, 덴마크, 핀란드, 그리스는 유럽 대륙에 위치해 있습니다.

4 일본

1 파랑, 빨강, 하양(흰색)

2 노랑, 빨강, 초록

3 유럽

| 해설 |
미국은 북아메리카 대륙, 칠레, 볼리비아는 남아메리카 대륙, 말리, 카메룬, 콩고는 아프리카 대륙에 위치해 있습니다.

1 빨강, 검정, 초록, 하양(흰색)

2 아프리카, 아시아

1 가로

2 초승달

3 별

| 해설 |
국기에 그려진 별의 의미는 나라마다 다릅니다. 베트남 국기의 황색별 5개 모서리는 노동자 • 농민 • 지식인 • 청년 • 군인의 단결을 나타냅니다. 반면 이스라엘 국기의 별은 '다윗의 별'이라 불리는 유대교를 상징하는 표식입니다.

1 초록

2 ㉮ 사우디아라비아 ㉯ 리비아 ㉰ 이란 ㉱ 레바논 ㉲ 오만 ㉳ 모로코 ㉴ 아제르바이잔 ㉵ 타지키스탄 ㉶ 니제르 ㉷ 방글라데시

3

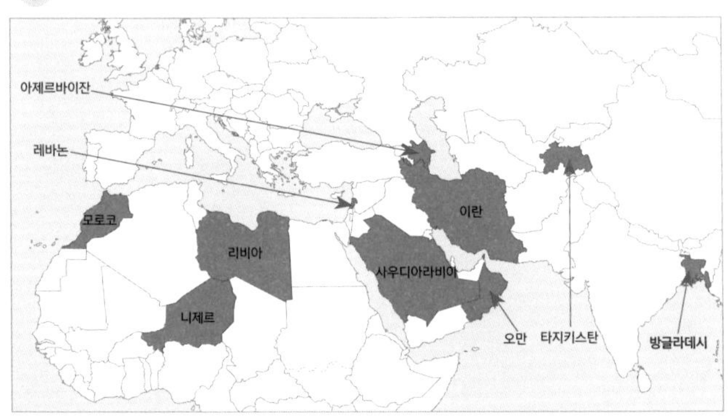

1 ㉮ 엘살바도르 ㉯ 니카라과 ㉰ 파나마 ㉱ 온두라스 ㉲ 과테말라

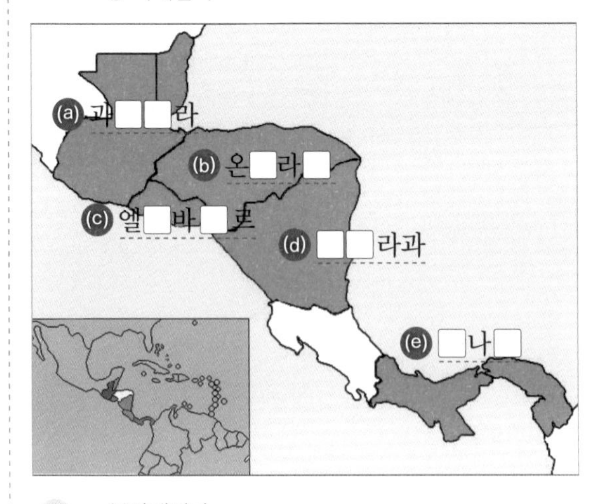

2 북아메리카

1 ㉮ 아이슬란드 ㉯ 노르웨이 ㉰ 스웨덴 ㉱ 핀란드 ㉲ 덴마크

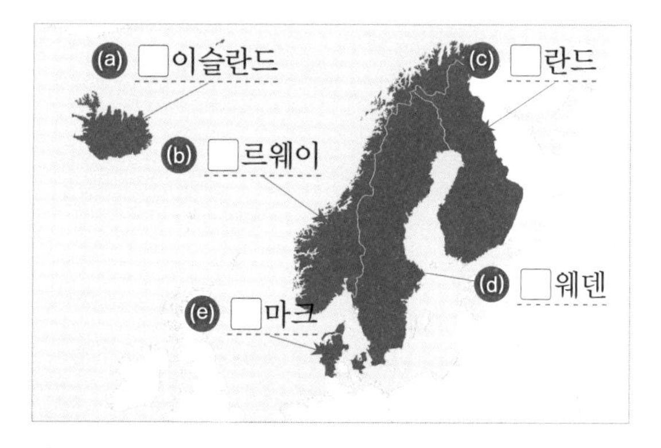

2 북, 십자가

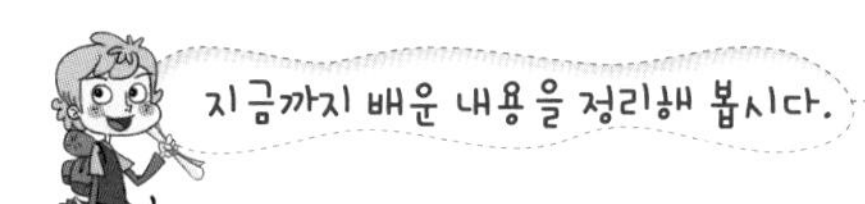

1. 대륙과 대양의 위치 및 모습

① 지구, 세계

② 아시아, 유럽, 아프리카, 아메리카, 아메리카, 오세아니아

③ 태평양, 인도양, 대서양, 북극해, 남대양

④ 우랄 ⑤ 수에즈 ⑥ 파나마

2. 대륙별 주요 나라의 위치 및 영토

① 아시아 ② 유럽 ③ 아프리카 ④ 아메리카 ⑤ 아메리카

⑥ 오세아니아

3. 대륙별 각 나라의 수도 위치

① 수도

4. 나라별 국기 모양과 특징

① 국기, 역사, 문화, 환경 ② 십자가 ③ 초록, 초승달 ④ 하늘

둘 세계의 다양한 지형 환경

07 세계의 대지형

act 1

1 양, 해, 만

2 ① 태평, 아시아, 서

② 인도, 남, 아프리카, 오세아니아, 서

③ 대서, 유럽, 서, 동, 아프리카, 서

3 지중해, 유럽, 아시아, 아프리카, 한가운데

4 ① 백해 ② 흑해 ③ 홍해 ④ 황해

5 멕시코, 카리브

| 해설 |

대항해시대(大航海時代)는 '대발견 시대(Age of Discovery)'라고도 불리는데, 15세기 후반부터 18세기 중반까지 유럽의 여러 나라들이 세계를 돌아다니며 새로운 항로를 개척하고 아메리카 대륙 같은 미지의 땅을 발견하는 등 탐험과 무역이 활발하게 이루어진 시기를 말합니다.

act 2

1 해협, 지협

2 ① 지브롤터 ② 믈라카 ③ 마젤란

3 베링

4 호르무즈, 믈라카, 타이완

5 쿡

act 3

1 ① 호르무즈 ② 믈라카 ③ 해상

2

3 ① ㉮ 지도의 점선을 따라 직접 그리세요.

② 아프리카, 4(왜냐하면 왕복이므로)

③ 수에즈, 82

④ ㉯ 지도의 점선을 따라 직접 그리세요.

⑤ 남아메리카, 4(왜냐하면 왕복이므로)

⑥ 파나마, 12

1 반도, 섬

2 아이슬란드, 마다가스카르, 뉴질랜드

| 해설 |
위도로 보면 그린란드가 아이슬란드보다 북쪽에 있는 섬이지만 그린란드는 정상적인 주권 국가가 아닌 덴마크에 속한 자치령입니다.

3 노르웨이, 스웨덴, 핀란드

4 러시아, 미국, 멕시코

5 인도네시아, 파푸아뉴기니

6 반도 *지도에서 찾아 ○표하는 것은 생략합니다.

| 해설 |
우리나라와 이탈리아, 에스파냐는 모두 삼면이 바다로 둘러 쌓여있습니다.

7 ① 영국 ② 실론 ③ 필리핀 ④ 쿠바

8 이베리아, 인도차이나

9 섬

10 ① 군도 ② 열도

1 아마존

2 아프리카, 적, 빅토리아, 북, 지중

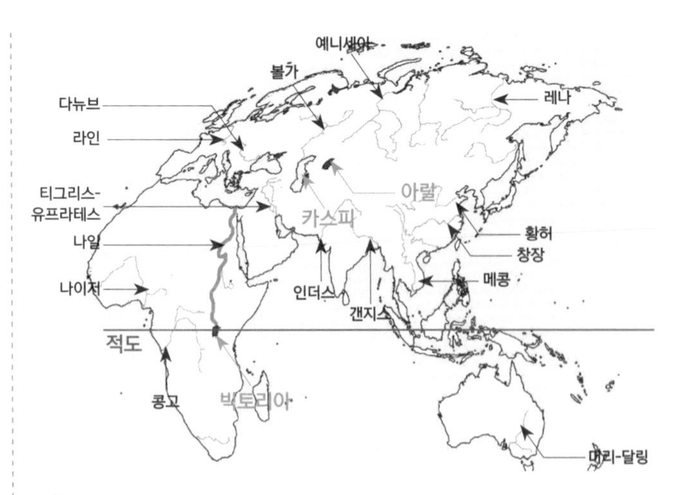

3 ① 예니세이, 레나, 매캔지

② 라인, 나이저, 콩고, 미시시피, 리오그란데, 아마존, 파라나

③ 티그리스, 유프라테스, 인더스, 갠지스, 머리, 달링

④ 황허, 창장(양쯔), 메콩

4 ① 티그리스, 유프라테스 ② 나일 ③ 인더스 ④ 황허

5 북, 동, 남

6 ① 메콩

② 중국, 미얀마, 라오스, 타이, 캄보디아, 베트남, 6

7 아랄, 줄

8 오대

1

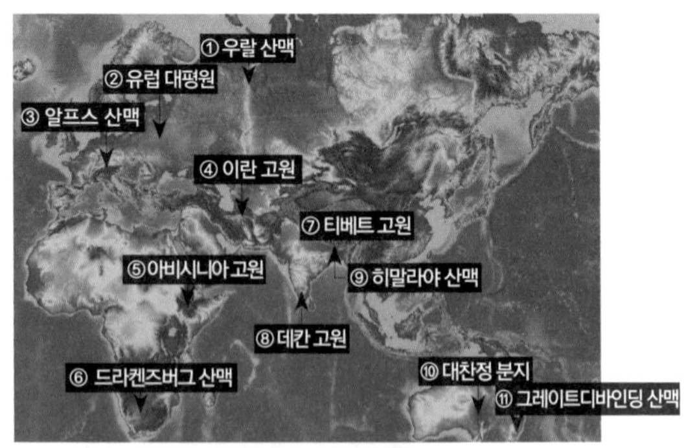

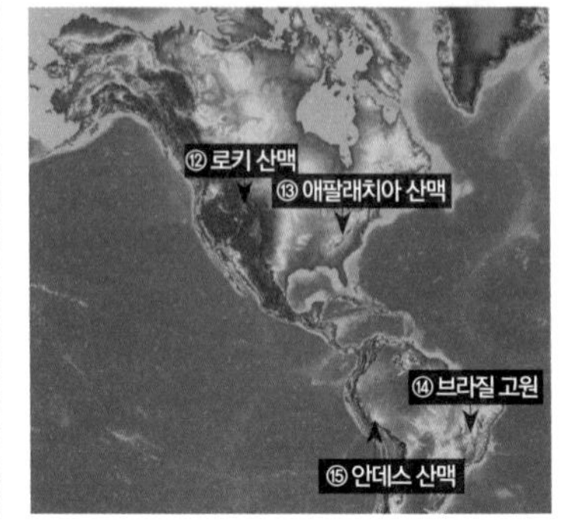

2 ① 알프스 ② 히말라야 ③ 로키 ④ 안데스, 높, 험준 ⑤ 우랄 ⑥ 그레이트디바이딩 ⑦ 애팔래치아, 낮, 완만

1 ① 아프리카의 뿔 ② 사헬 ③ 카리브

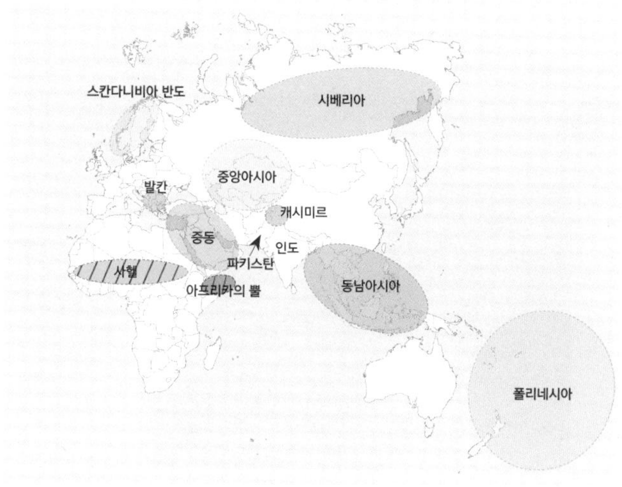

2 ① 발칸 ② 중동 ③ 시베리아 ④ 중앙아시아 ⑤ 누나부트 ⑥ 그레이트플레인스 ⑦ 캐시미르 ⑧ 폴리네시아 ⑨ 아마존 ⑩ 파타고니아

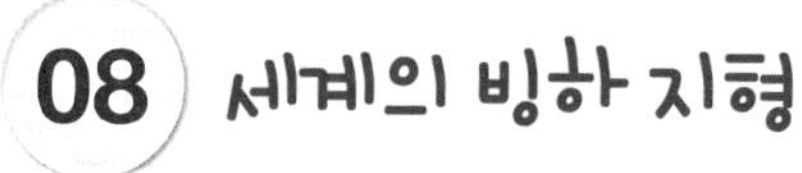

08 세계의 빙하 지형

1

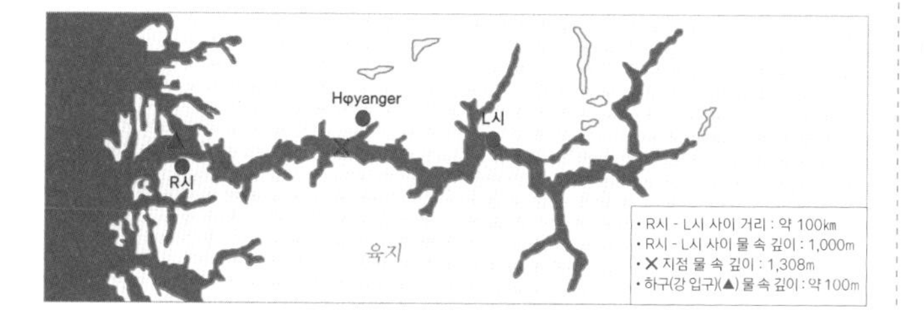

2 긴, 피오르

3 100, 깊어, 1,308

4 바다

5 노르웨이, 복잡

6

1

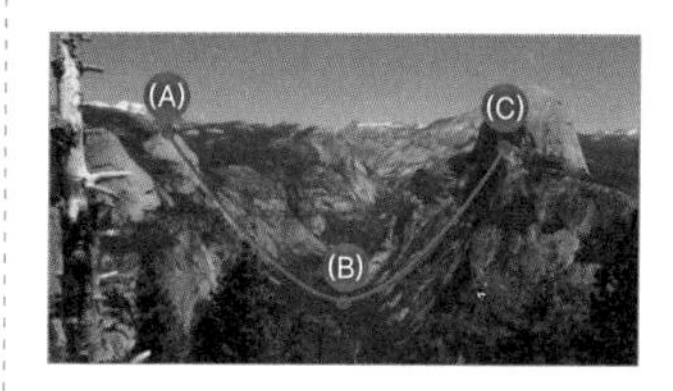

2 U, V

3 빙하, 하천

4 만년설, 빙하

5 검은

act 3

1 빙하기

2 덮여 있었습니다

3 러시아, 미국

4 육지, 이동할 수 있었습니다

5 육지

6 이동할 수 있었습니다

09 세계의 바위 지형

1 프랑스

2 ① 시 스택 ② 시 아치 ③ 해식애

3 촛대 바위, 대문 바위

1 오스트레일리아

2 348, 24

3 사암, 중생대

1 굴뚝, 터키, 집

2 현무암, 응회암

1

2 브라질, 원뿔

3 리우데자네이루

10 세계의 산지 지형

1 테이블

2 남아프리카

3 밑, 지층

1 성층 화산

| 해설 |
성층 화산(成層火山)은 용암과 화산재가 여러 차례 분출하여 주변에 누적되면서 만들어진 화산으로, 원뿔 모양으로 생긴 것이 특징입니다. 필리핀의 마욘 화산이 대표적인 성층 화산입니다

2 필리핀

3 용암, 화산 쇄설물

1 중국

2 석회, 빗물

11 세계의 하천 지형

1 미국, 그랜드 캐니언, 애리조나

2 적게, 많이

3 완만, 콜로라도, 더

1

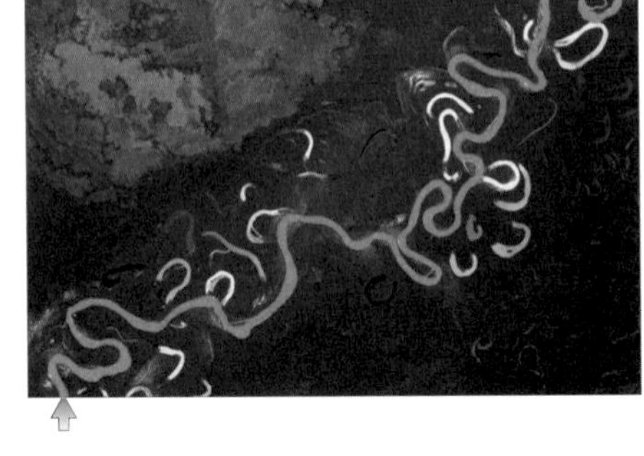

2 볼리비아, 자유곡류천, 아마존

3 ①

②

③

4 우각호, 우각

1 이집트, 지중해

2

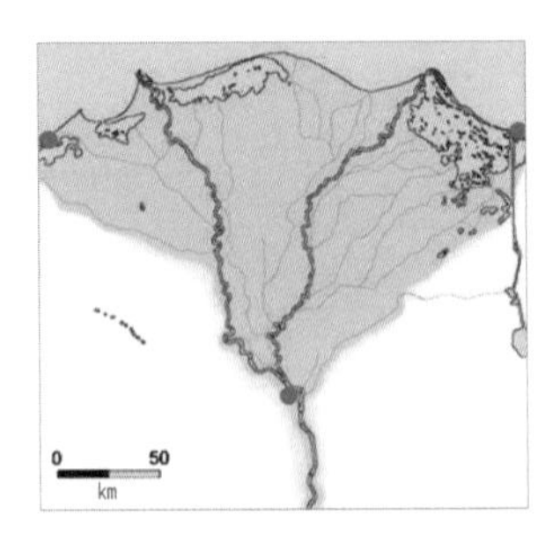

3 삼각, 삼각주

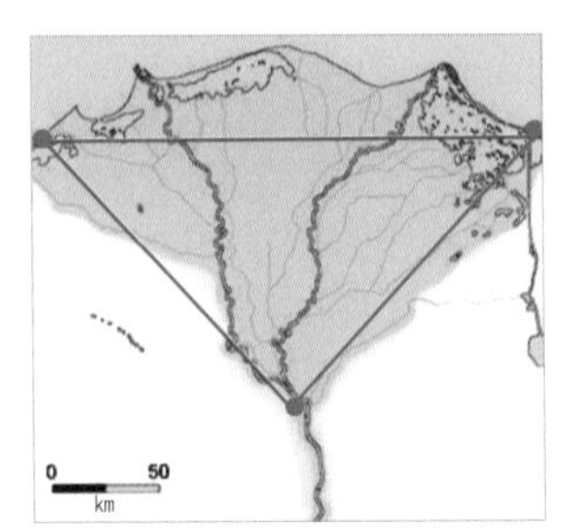

4 느려

12 세계의 건조 지형

1 오아시스

2 리비아, 사하라

3 ① 비 ② 지하수 ③ 수압 ④ 바람

1 버섯바위

2 이스라엘

3 ① 바람 ② 아랫 ③ 침식, 중력

1 사구

2 나미비아

3 ① 완만, 급 ② 아주 느리게 이동할
③ 불어가는 쪽 ④ 바람, 풍향

지금까지 배운 내용을 정리해 봅시다.

1. 세계의 대지형

① 대양, 해 ② 만 ③ 반도 ④ 해협 ⑤ 군도, 열도
⑥ 문명 ⑦ 고생 ⑧ 신생 ⑨ 아프리카의 뿔 ⑩ 사헬

2. 세계의 빙하 지형

① 피오르 ② V, U ③ 빙하

3. 세계의 바위 지형

① 시 스택, 시 아치, 해식애 ② 울루루 ③ 재질

4. 세계의 산지 지형

① 산 ② 마그마 ③ 카르스트

5. 세계의 하천 지형

① 대협곡 ② 자유곡류천, 우각호 ③ 삼각주

6. 세계의 건조 지형

① 오아시스 ② 버섯 ③ 사구

셋 세계의 다양한 기후 환경

13 다양한 기후가 나타나는 원인

1 날씨, 기후

1 ①
②
③

1 다, 가

2 둥글

3 중

4 적도

5 C, 열대, A, 한대

1 6

2 열대, 건조

3 ① 열대 ② 건조 ③ 온대 ④ 냉대 ⑤ 한대

14 열대 기후의 특성

1

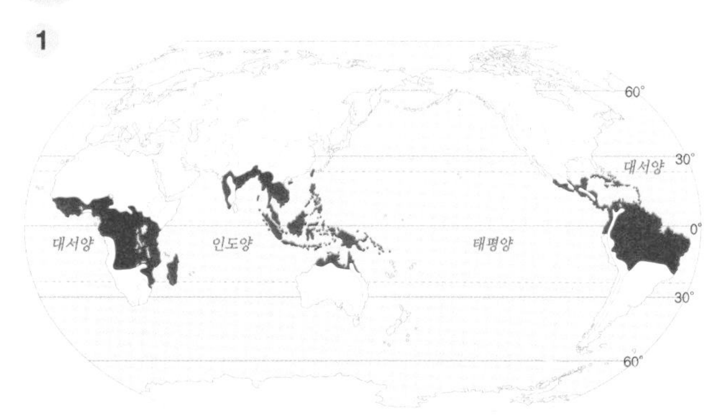

2 적도, 저

3 중부, 동남, 북부, 아마존

4 ① 우림 ② 사바나

5 적도

act 2

1

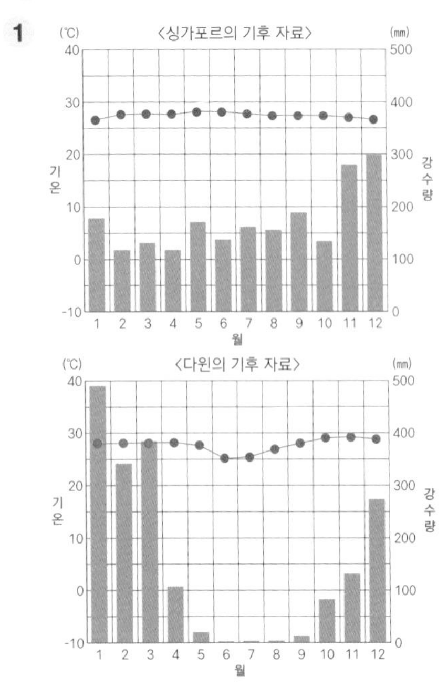

2 높, 우림

3 높, 5, 10, 우기, 사바나

act 3

1 빽빽하게, 밀림, 띄엄띄엄, 초원

2 높, 달마다 고루 많, 계절마다 차이가 크기, 강수량

3 우림, 사바나, 나무, 땅

act 4

1 4, 캐노피, 29

2 적도, 스콜

3 붉은색

act 5

1 사바나, 우기, 건기

2 육식, 동물, 사파리

3 사바나, 우기, 건기

act 6

1 스콜, 씻기면서, 불리, 화전

2 플랜테이션

act 7

1 아마존, 베트남, 열대, 습도, 햇볕

| 해설 |
베트남 사람들이 입는 전통 옷을 '아오자이'라고 합니다. 하지만 현대에 와서는 주로 여성들이 입는 옷을 가리킬 때 사용합니다.

2 땅바닥으로부터 띄워서, 바람이 잘 통하는, 줄, 보호

15 건조 기후의 특성

act 1

1

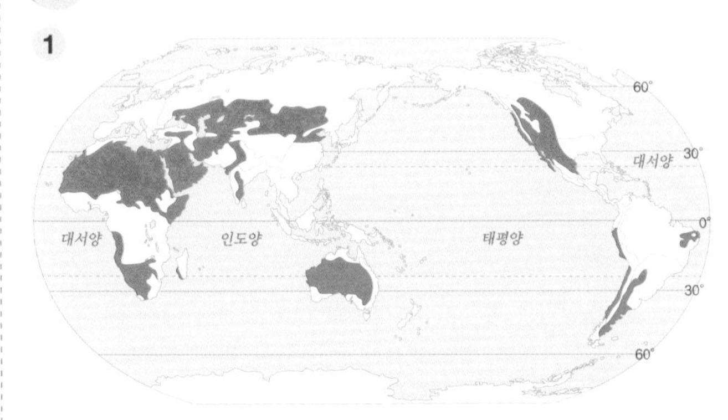

2 북회귀선, 남회귀선

3 북부, 중, 중서부, 서부, 서부

4 사막, 스텝

5 회귀선

act 2

1

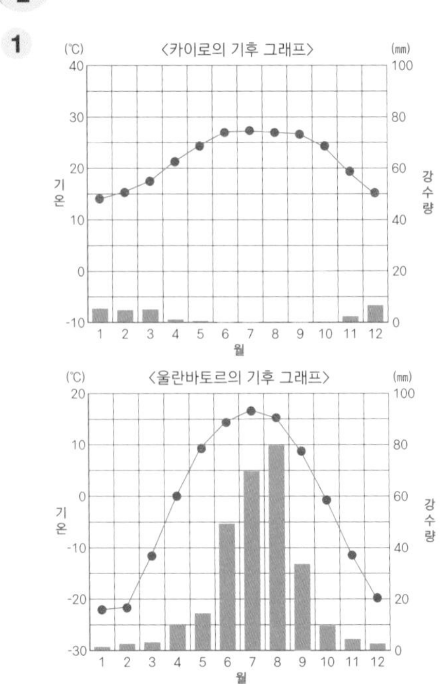

2 4, 사막

3 많, 스텝, 작을

act 3

1 사막, 초원

2 250mm 미만, 250~500mm 미만

3 사막, 스텝

act 4

1 모래, 암석

2 건조

3 모래, 암석, 다

4 건조

act 5

1 오아시스, 오아시스

2 유목

3 상업적

4 낙타, 대상

act 6

1 머리, 통옷, 햇볕, 방지, 유리

2 이동식, 유목

3 오아시스 농업이나 상업, 작, 평평, 햇볕, 비

16 온대 기후의 특성

1

2 중

act 2

1 중서부, 서부, 남서부, 남동부, 남동부, 뉴질랜드, 서안해양성

2

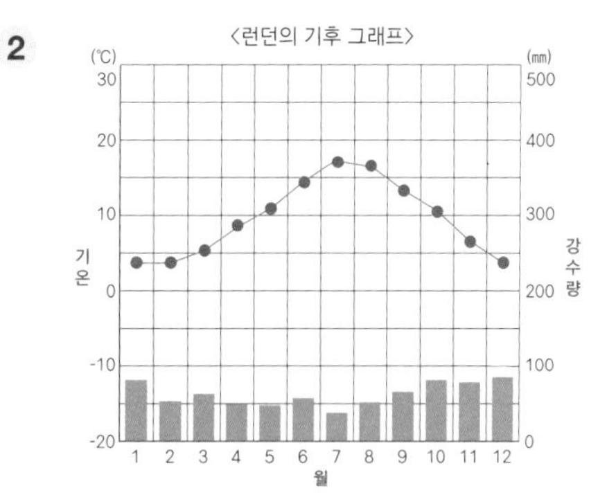

3 비교적 고르게, 영상, 17

4 북, 7

5 서, 북대서양, 편서풍

6 안개, 비, 레인

7 유리

1 남부, 남단, 서부, 남서부, 지중해

2

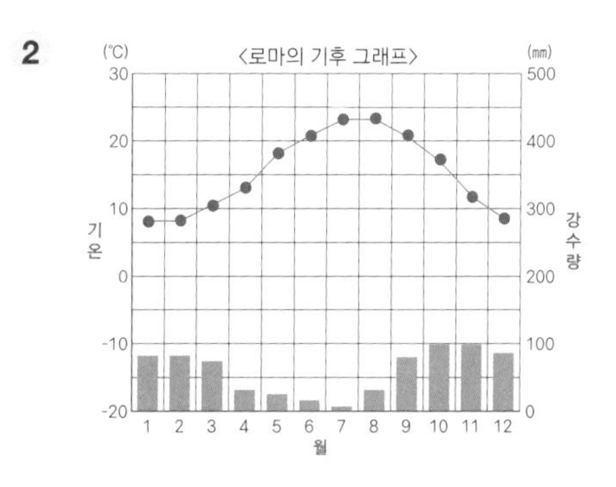

3 74, 8, 여름, 많, 지중해

4 흰색, 덧문

5 맑고, 싱싱합, 여름철, 겨울철

6 올리브, 수목

1 열대, 밀림

2 건조, 낙타, 모래

3 온대, 계절, ③ → ② → ①

17 냉대 기후의 특성

act 1

1

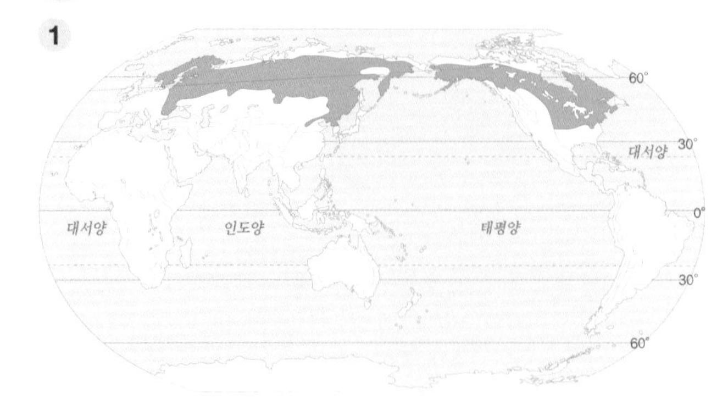

2 북, 중위도~고위도

act 2

1 중위도~고위도, 남, 북부, 러시아, 알래스카, 캐나다

2 낮, 겨울엔 적고 여름엔 많은 편

act 3

1 (가), (나)

2 침엽수, 곧게, 한 가지, 타이가

3 임업

act 4

1 냉대, 눈, 타이가

2 아이슬란드, 보온

3 나무(목재), 침엽수림

18 한대 기후의 특성

act 1

1

2 북극해

3 툰드라, 빙설

4 북극해, 남극

act 2

1

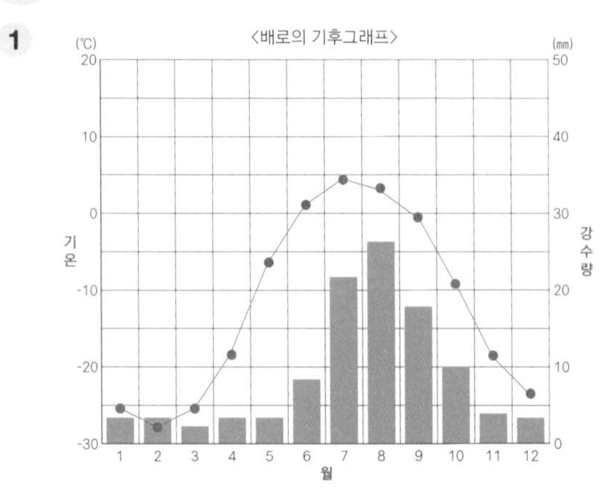

2 9, 4, 한대

act 3

1 툰드라, 빙설

2 (다), (라), (마)

act 4

1 ①, ②

2 활동층, 영구동토층

3 녹아버립니다

4 엿가락처럼 휘어진 모습, 울퉁불퉁하게 변형된 모습, 흡수, 영구동토층

act 5

1 영구동토층

2 뜨겁, 영구동토층, 영구동토층

act 6

1 순록, 툰드라

2 얼음, 빙설

19 고산 기후의 특성

1

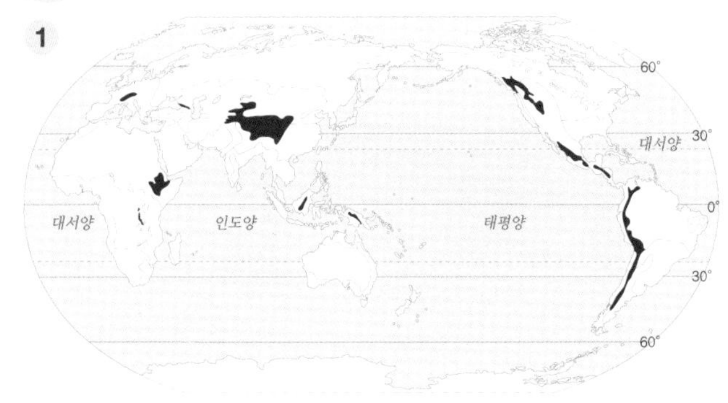

2 안데스

1

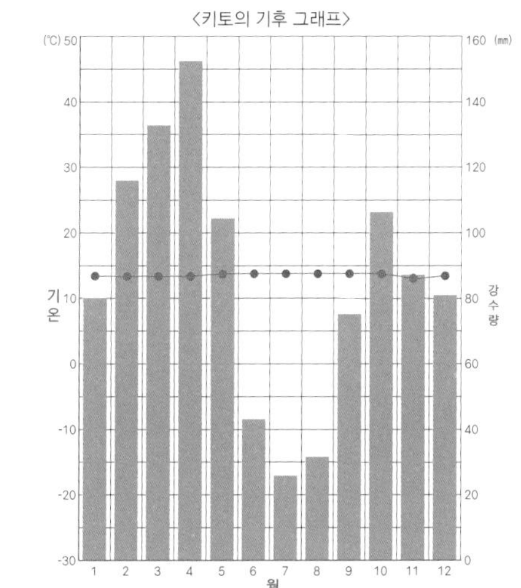

2 거의 없는, 고산

1 적도, 키토, 고산, 벨렘, 열대

2 2,850, 24, 고도

3 16, 라파스, 고산, 열대, 3

4 많

1 인구, 지형, 안데스

2 ① 멕시코시티, 2 ② 보고타, 2 ③ 키토, 2 ④ 라파스, 3 ⑤ 3

3 높은, 고산

1 고산

2 옥수수, 감자

1 감자, 옥수수

2 피하기, 그을린

3 낮아서, 큽, 망토

1 ① 열대, ② 건조 ③ 온대 ④ 냉대 ⑤ 한대

2 (가) 세계의 기후 분포

3 극, 적도

4 툰드라, 사바나

5 초원

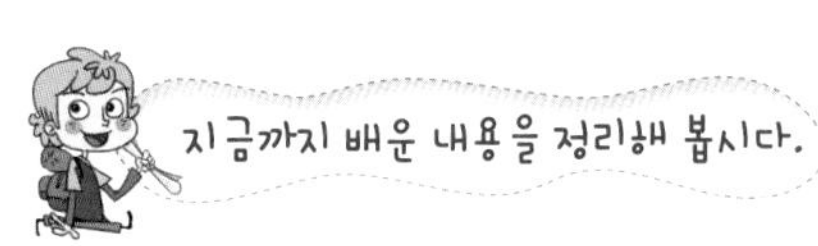

1. 다양한 기후가 나타나는 원인

① 기후 ② 둥, 지축 ③ 열대, 건조, 온대, 냉대, 한대

2. 열대 기후의 특성

① 18 ② 우림, 사바나 ③ 화전 ④ 플랜테이션 ⑤ 고상

3. 건조 기후의 특성

① 500 ② 사막, 스텝 ③ 대상, 오아시스 ④ 유목 ⑤ 천막, 평평

4. 온대 기후의 특성

① 3 ② 서안해양성 ③ 지중해성 ④ 레인코트 ⑤ 흰, 수목

5. 냉대 기후의 특성

① 3 ② 타이가 ③ 잔디, 통나무

6. 한대 기후의 특성

① 10 ② 툰드라, 빙설 ③ 영구동토층 ④ 유목 ⑤ 이글루 ⑥ 가죽

7. 고산 기후의 특성

① 열대 ② 상춘 ③ 고산 ④ 모자. 망토 ⑤ 감자, 옥수수

마무리 활동

1. 각 대륙을 제 위치에 붙여주세요!

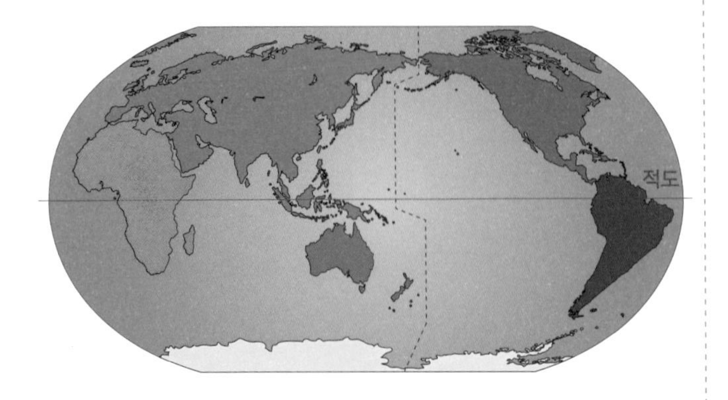

2. 아시아 대륙 디자인하기

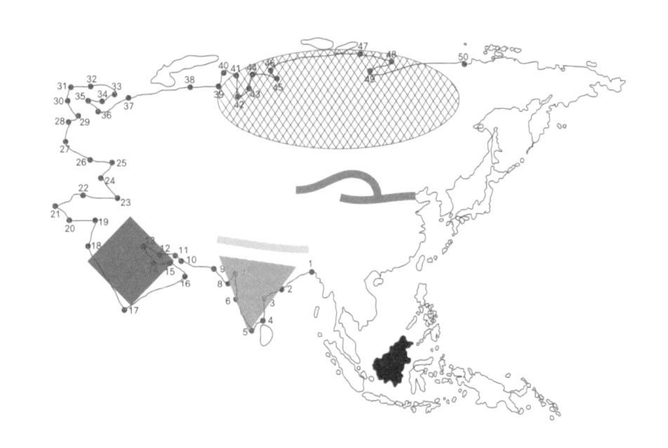

3. 유럽 대륙 디자인하기

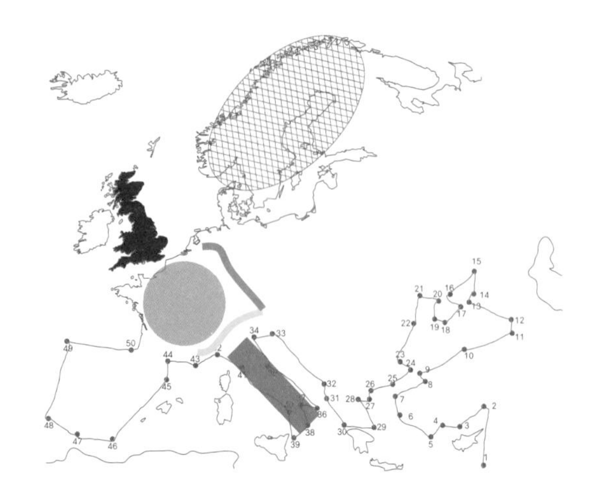

4. 아프리카 대륙 디자인하기

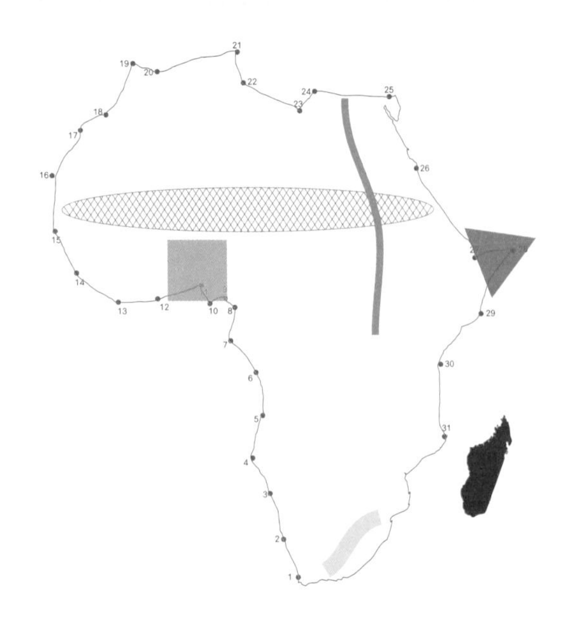

5. 북아메리카 대륙 디자인하기

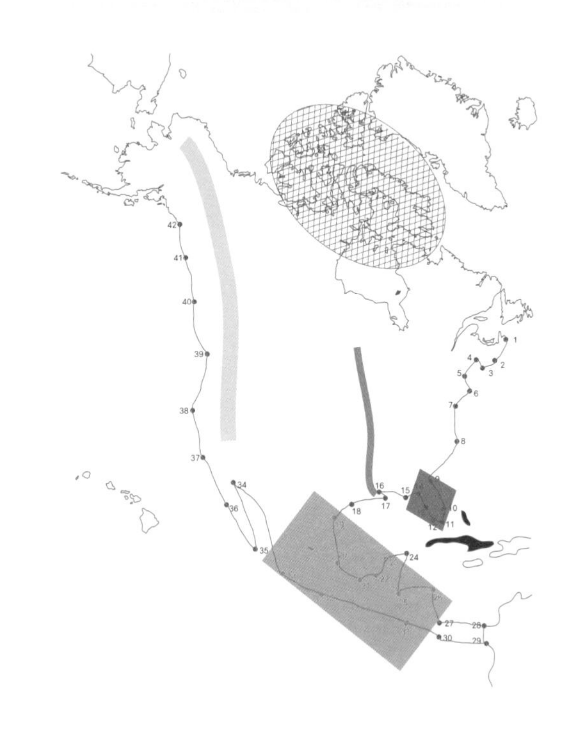

6. 남아메리카 대륙 디자인하기

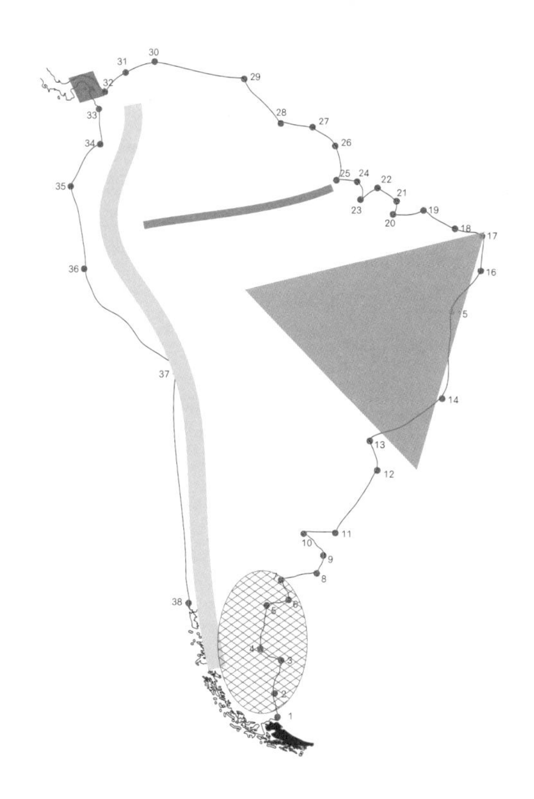

7. 오세아니아 대륙 디자인하기

m e m o

✂ 오려서 사용하세요.

각 대륙을 가위로 오린 다음, 132쪽 세계 지도 바탕에 붙이세요.